中职中专计算机类教材系列

Flash 动画设计与实训

纪伟娟 主 编

陈 民 黄 斌 邓云娇 副主编

科学出版社

北 京

内 容 简 介

本书详细介绍了新版本的动画设计软件——Flash 8，其最大的特点是融合了传统教学与项目教学的优点，结构清晰、内容由浅入深，既有传统教材中知识介绍全面、系统的优点，又具有项目教学中实例典型、操作性强的优点，真正实现了理实一体化的指导思想。本书素材中收集了各章实例的源文件及相关素材，便于读者学习。

本书适合作为中职学校和技校的动画设计教材，也非常适合爱好动画设计的读者进行自学。

图书在版编目(CIP)数据

Flash 动画设计与实训/纪伟娟主编. —北京： 科学出版社，2008
（中等职业教育"十一五"规划教材·中职中专计算机类教材系列）
ISBN 978-7-03-021517-8

Ⅰ.F… Ⅱ.纪… Ⅲ.动画－设计－图形软件，Flash－专业学校－教材
Ⅳ. TP391.41

中国版本图书馆 CIP 数据核字（2008）第 042238 号

责任编辑:韩 洁 陈砺川/责任校对:耿 耘
责任印制:吕春珉/封面设计:耕者设计工作室

科学出版社出版
北京东黄城根北街16号
邮政编码：100717
http://www.sciencep.com
新科印刷有限公司 印刷

科学出版社发行 各地新华书店经销
*
2008年4月第 一 版 开本: 787×1092 1/16
2018年12月第十三次印刷 印张: 12 1/2
字数:282 000
定价：33.00元
（如有印装质量问题，我社负责调换〈新科〉）

销售部电话 010-62134988 编辑部电话 010-62135763-8203

前　言

用 Macromedia 公司发布的 Flash 软件制作的动画文件，可以将音乐、声效、夸张的表现方法、新颖的创意等有机结合在一起，制作出超"炫"、超"酷"的动画作品，因为文件体积小、传输速度快、视觉效果好、交互功能强等特点，使 Flash 动画在网络上乃至电视上迅速传播，吸引了越来越多的人投入到动画制作的学习中来，也使更多的动画爱好者成为"闪客"家族中的一员。随着多媒体技术的发展，Flash 动画那精彩纷呈的画面已无处不在，如用于制作多媒体课件和幻灯片、制作创意广告、制作网络小游戏等，Flash 动画已深入我们的生活与学习中。

本书采用 Flash 软件的新版本——Flash 8，在内容的安排上由浅入深、结构清晰，并结合项目教学方法的优点，以提高操作技能为主，提供了大量实例和练习，同时又继承了传统教材中知识讲解相对完整和系统的优点，将知识点和制作技巧融于各个实例中。全书共十个项目，详细介绍了各种动画的制作方法和制作技巧。每个项目都围绕一个主题展开，各章列举的典型实例都是编者在长期的教学工作中精心挑选出来的，每个实例都有详细的制作步骤，同时做到图文并茂、练学结合，从而使读者迅速掌握 Flash 动画的基础知识和动画制作的技巧。通过对本书的学习，初学者可轻松地用 Flash 来制作简单的动画。动画爱好者则可借助本书充分发挥自己的想象力，制作出更复杂、更酷的动画。本书较好地遵循了教学规律，语言通俗易懂，实例由易到难、循序渐进，既适合 Flash 动画初学者的学习和使用，动画爱好者也可通过本书的学习来提高自己的动画制作水平，并早日成为动画制作高手。

本书作者长期从事 Flash 的教学，在实际工作中积累了丰富的教学经验。纪伟娟编写了项目一、二，陈民编写了项目三、七、八，邓云娇编写了项目四、五、六，黄斌编写了项目九、十。

读者可与作者联系索取本书介绍的所有实例及练习的素材，联系方式：jwjmm@163.com，也可到 www.abook.cn 上下载。

由于编者水平有限，书中难免有疏漏之处，恳请广大读者给予批评指正。

目　录

Flash 8 基础知识

主要内容

- ◆ Flash 8 的新增功能
- ◆ Flash 8 的窗口内容
- ◆ 图层与面板的操作
- ◆ Flash 文档的新建与保存
- ◆ 参数设置及工作环境设置

学习目的

- ◆ 了解 Flash 8 的新增功能,熟悉 Flash 8 的窗口界面
- ◆ 掌握图层与面板的操作方法
- ◆ 能创建新文件,并能根据要求设置工作环境

任务一　Flash 8 概述

知识一　Flash 8 简介

Flash 8 是 Macromedia 公司的最新版本的多媒体矢量动画软件，通过添加图片、声音、视频等内容可以制作成各种各样的动画、演示文稿、应用程序等，而文件体积小是其在网页制作中得到普遍使用的最主要原因。

知识二　Flash 动画的应用

Flash 主要有以下方面的应用：

1）可将制作的动画放在网页上，如 Logo、广告，也可用于制作整个网站。

2）制作多媒体课件、幻灯片。

3）制作交互游戏。

4）用于其他娱乐目的（如 MTV、贺卡、屏保、卡通片等）。

知识三　Flash 8 的新增功能

比起以前的版本，Flash 8 的功能更加强大，在许多方面都有了较大的改进，可以说有了质的飞跃，下面对其主要改进和新功能做一简单介绍。

1. 滤镜功能

Flash 8 新增了图形滤镜功能。通过使用滤镜特效，可以使文本、按钮和影片剪辑产生更有趣的视觉效果，如投影、模糊、发光、斜角、渐变发光、渐变斜角、调整颜色等。通过菜单“窗口”、“属性”、“滤镜”命令，可以打开“滤镜”面板，实现滤镜功能，如图 1.2 所示。

图 1.1　未使用滤镜效果　　　　图 1.2　使用了模糊滤镜的效果

2. 对象绘制模式

在 Flash 8 的“工具”面板中，新增加了“对象绘制”按钮。通过该按钮，可以将图形设置为独立的对象，各形状之间不会相互干扰，在叠加时不会合并。

在工具面板中，只有选择了"铅笔"工具、"钢笔"工具、"刷子"工具、"椭圆"工具和"矩形"工具后，在相应的选项中才会出现"对象绘制"模式。

如图 1.3 所示，在绘制圆时未选择"对象绘制"模式，当另一个小圆叠加到大圆上时，将使大圆产生变化，移开小圆后，这种变化便显示了出来。

图 1.3 未使用"对象绘制"模式的效果

在绘制人圆时选择"对象绘制"模式，使大圆成为一个独立的对象，当将小圆叠加到大圆上时，对大圆不会产生任何影响，移开小圆后，大圆没有变化，如图 1.4 所示。

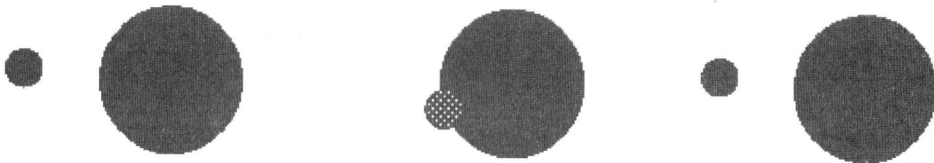

图 1.4 使用了"对象绘制"模式的效果

3. 脚本助手

为方便用户操作，Flash 8 的脚本助手更具人性化特点，既照顾到了专业设计人员的需求，也方便了初级人员的操作与使用，如图 1.5 所示。

图 1.5 脚本助手

4. 混合模式

使用混合模式，混合不同对象的颜色，可以创建复合图像，从而创造出独特的效果，如变暗、变亮、叠加、反转等。混合模式只能在影片剪辑和按钮上使用。混合模式在属性面板上设置，如图 1.6 所示。

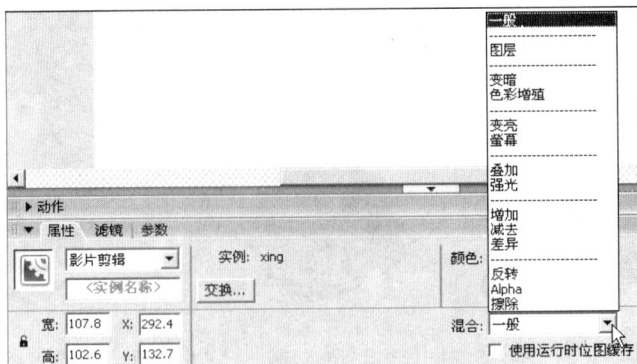

图 1.6　混合模式设置

5. 增强笔触功能

Flash 8 可以选择多种笔触接合点和端点的形状，并且可以将渐变色应用于笔触。

6. 改进的面板管理

Flash 8 改进了对面板的管理，用户可根据自己的需要优化工作环境，可以根据自己的爱好对面板进行重新组合，甚至可以对面板重命名。

7. 改进的"首选参数"对话框

改进后的"首选参数"对话框变得更加人性化，更符合一般用户的操作习惯，通过执行菜单"编辑"、"首选参数"，打开"首选参数"对话框。Flash 8 提供了两种撤销操作方式，一种是文档级别，一种是对象级别，用户可以在两种方式间自由切换。

任务二　Flash 8 窗口介绍

知识一　"开始"页

安装好 Flash 8 后，就可以启动 Flash 来体会其强大的功能了。选择"开始"、"程序"、"Macromedia"、"Macromedia Flash 8"命令即可启动 Flash 8。双击某一 Flash 文件也可以启动 Flash 8。如果在不打开文档的情况下运行 Flash，便会显示如图 1.7 所示的开始页。

开始页包含以下 4 个区域：

1）打开最近项目：用于打开最近编辑过的文档，也可通过单击"打开"，显示"打开文件"对话框。

2）创建新项目：通过单击列表中所需的文件类型来快速创建新文件。

3）从模板创建：列出了 Flash 文档最常用的模板，通过单列表中所需的模板创建新文件。

4）扩展：单击它会链接到 Macromedia Flash Exchange Web 站点，可以下载 Flash 的助手应用程序、Flash 扩展功能及相关信息。

如果要创建一个新的动画文件，可单击上述第二个区域"创建新项目"中的第一项"Flash 文档"从而进入编辑窗口，如图 1.7 所示。如果在单击某个项目时勾选上"不再显示此对话框"，那么下次启动时将不再出现图 1.7 所示的开始页，建议不选择此对话框。如果关闭开始页后想再次启动，需在编辑菜单中的首选参数中设置。

进入动画文件的编辑窗口后，分别有标题栏、菜单栏、工具栏、图层窗口、时间轴窗口、舞台窗口、工具箱、面板等。

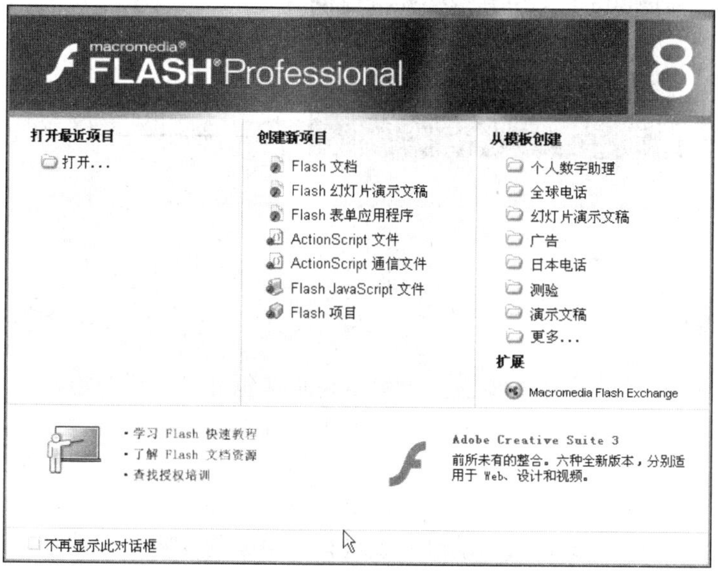

图 1.7　启动后的开始页

知识二　舞台窗口

舞台是用户在创建 Flash 文档时的主要工作区，如图 1.8 所示。舞台相当于显示 Flash 文档的矩形空间，默认为 100%，用户可以在工作时放大或缩小以更改舞台中的视图。

知识三　时间轴窗口

时间轴用于组织和控制文档内容在一定时间内播放的先后次序，由各个帧组成，时间轴窗口有帧编号、帧居中按钮、绘图纸按钮、当前帧指示器、帧频指示器和运行时间指示器，如图 1.8 所示。时间轴上播放头所在的帧即为当前帧，播放动画时播放头从左向右通过时间轴。

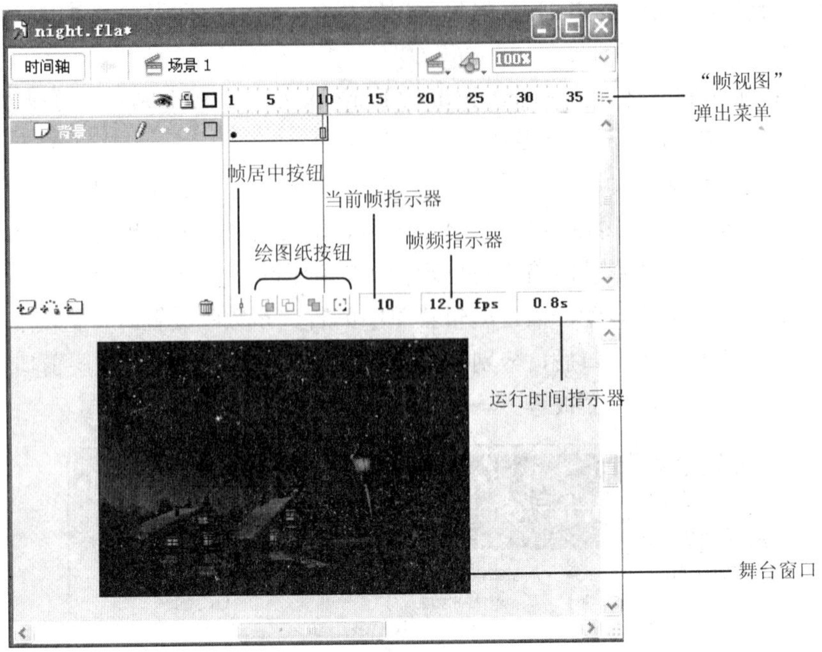

图 1.8   舞台窗口

知识四　图层窗口

图层在 Flash 中是一个重要概念，大多数动画都包含若干个图层，用户可以通过层组合出各种复杂的动画。准确地对图层进行操作，可缩短动画制作时间，改善动画性能，如为了在编辑某一图层对象时不致误改其他图层的内容，可锁定图层；为更好地区分动画中的对象，可将动画元素进行简单分类，将不变的元素、有动作的元素、音效等元素分别放在不同的图层中，以方便自己进行编辑与修改。

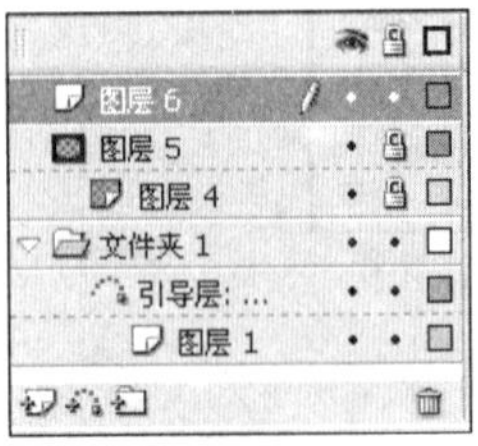

图 1.9   图层窗口

所有图层都放在时间轴左侧的"图层"面板上，如图 1.9 所示。根据图层的特点可将图层分为普通层、引导层、遮罩层三种，对图层的操作主要有以下几种。

1. 新增图层

通常新创建的 Flash 影片只有一个图层，而一个比较复杂的动画往往包含背景图像、声音、文字、动作设置等，因此仅有一个图层是远远不够的，这时就要增加图层。增加图层的方法主要有三种：

方法一：单击图层窗口左下角的 按钮。

方法二：在某一图层上右击选择"插入图层"命令，新增加的图层位于该图层的上方。

方法三：执行菜单"插入"、"时间轴"、"图层"命令。

2. 改变图层顺序

当有多个图层存在时，位置在上面的图层的对象会遮挡位置在下面的图层中的对象，用户可以通过调整图层的上、下次序，来调整图层中相应对象之间的上下位置关系。

操作步骤

用鼠标左键选定要移动的图层，然后按住鼠标向上或向下拖动，拖动过程中会出现一条虚线，当虚线到达预定位置后松开鼠标，图层即被放置到新的位置，如图 1.10、图 1.11 所示。

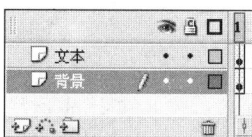

图 1.10　文本图层在上、背景图层在下的效果

图 1.11　背景图层在上、文本图层在下的效果

3. 重命名图层

系统默认的图层名称为"图层 1"、"图层 2"等，这样的名称不容易辨别与区分各图层的内容，因此，为方便自己了解该图层中的实际内容，通常都对图层进行重命名操作，修改后的名称一般都与该图层的内容相一致。对图层重命名的方法有以下两种。

方法一：在图层名称上双击，输入新的图层名字。

方法二：在需重命名的图层上右击，选择"属性"命令，在随便弹出的图 1.12 所示的对话框中输入新的图层名字。

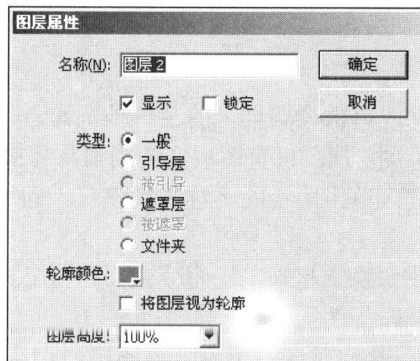

图 1.12　图层属性对话框

4. 复制图层

制作动画时，可以将某一图层中的所有对象复制到另一图层中，复制图层的操作实际上是对该图层上所有的帧进行复制。

操作步骤

1）在图层名称上单击以选取整个图层。

2）选择"编辑"、复制"命令；或在该层右边的时间轴上右击，选择"复制帧"命令。

3）单击要粘贴到的目标图层的第 1 帧，选择"编辑"、"粘贴到当前位置"命令。

5. 删除图层

选取要删除的图层后单击图层窗口右下方的删除图层按钮；或直接将要删除的图层拖到垃圾桶中。

6. 设置图层模式

图层有 4 种模式，如图 1.13 至图 1.16 所示。用户可根据实际需要将图层设为不同模式。

图 1.13　该层处于当前模式

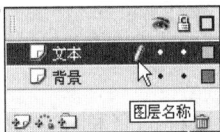

图 1.14　该层处于隐藏模式

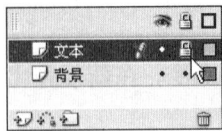

图 1.15　该层处于锁定模式

图 1.16　该层处于轮廓模式

（1）当前模式

用鼠标单击图层的名称或单击该图层上的某一帧，就选取了该图层为当前层，当前层名称栏上会显示一个铅笔图标。只有图层成为当前层才能进行编辑，同一时间只有一个图层处于当前图层模式。单击图层的名称，则该层上的所有帧都被选中。

（2）隐藏模式

隐藏图层可以使一些图像隐藏起来，从而减少不同图层之间的图像干扰，使整个工作区保持整洁，只显示要编辑的图层。

单击图层上与隐藏图标相对应的黑点，该图层名称右边就会出现图标，表示该图层处于隐藏状态，当图层隐藏后，图层名称后还会出现一个图标，表示不能再进行各种编辑了，如图 1.14 所示。

处于隐藏状态中的图层内容，在舞台中是看不到的，再次单击与隐藏图标 👁 相对应的黑点，将使该图层处于显示状态，舞台中就会重新显示该图层的内容，如图 1.17 所示。

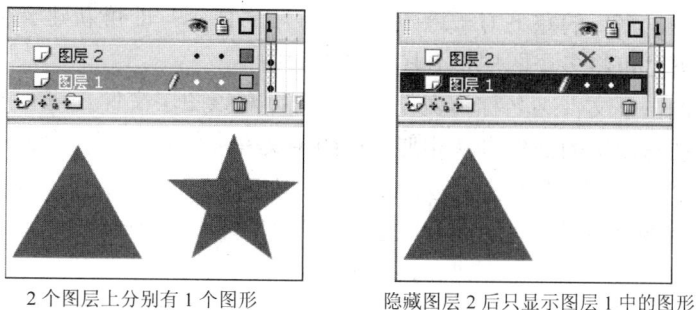

2 个图层上分别有 1 个图形　　　　　隐藏图层 2 后只显示图层 1 中的图形

图 1.17　图层的隐藏

（3）锁定模式

在动画制作的过程中，为防止对某个图层上的内容误操作，可以将该图层锁定。方法是：单击图层上与锁定图标 🔒 相对应的黑点，该图层即被锁定，图层被锁定后，就不可以再修改该层的对象了。再次单击，将使该图层解锁。图层被锁定后，图层名称后将会出现一个 🔒 图标，这时在舞台上用户可以看见该层上的内容，但无法对其进行编辑。

如果要将所有图层都锁定，可单击图层窗口上方的锁定图标 🔒，再次单击该图标，则所有图层都被解锁。

注意
ZHU YI

在编辑过程中，最好将编辑层以外的其他层都锁定，以免对其他层产生误操作。

（4）轮廓模式

在制作动画时，为了使众多图层上的内容互相不干扰，可以点击隐藏图标将不需要显示的图层内容暂时隐藏起来，以方便对当前图层的编辑，但有时在编辑当前层的对象时，又需要参照其他图层上的对象，如查看相应的位置或大小，这时可以将有参照价值的对象以轮廓方式显示出来，只显示外部轮廓而不显示全部，这样既不影响对当前层的编辑，同时又给当前层中的对象提供了位置和大小参考。

每一图层上的轮廓标记都用不同的颜色方块表示，■ 表示原样显示，□ 表示只显示轮廓，单击该图层的轮廓标记可在原样显示与轮廓显示之间转换，如图 1.18 所示。

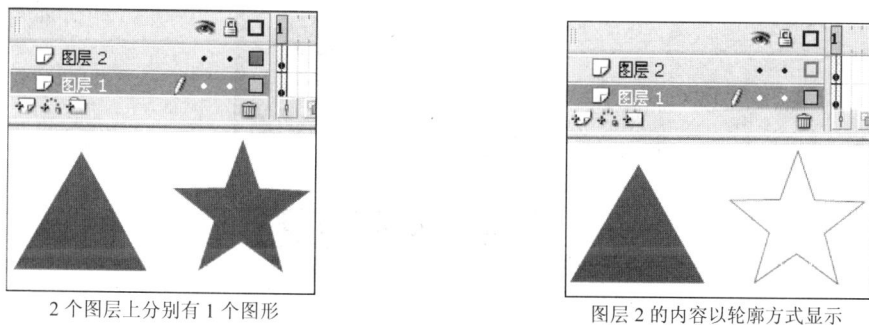

2 个图层上分别有 1 个图形　　　　　图层 2 的内容以轮廓方式显示

图 1.18　图层的轮廓

7. 图层文件夹管理

利用 Flash 8 的图层文件夹管理，可以根据图层内容将多个图层放在同一个图层文件夹下，单击图层窗口的左下方图标，如图 1.19 所示，即可新建一个空的图层文件夹，使用拖曳方法可将多个图层拖到图层文件夹中。

默认新建的图层文件夹名称为文件夹 1，可以对该图层文件夹进行重命名、删除等操作，操作方法与图层的操作方法相似。在图层文件夹的左边有一个向右的箭头，箭头向右，表示该图层文件夹为折叠状态，单击可展开该图层文件夹，同时该箭头变为向下，箭头向下，表示该图层文件夹为展开状态，如图 1.20 所示。在图层文件夹下，还可以再建立图层文件夹。

图 1.19　图层目录折叠状态　　　图 1.20　图层目录展开状态

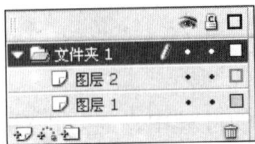

知识五　面板组

各种类型的工具面板是 Flash 软件的重要组成部分，可以帮助用户查看、组织和更改文档中各元素的属性。默认情况下面板以组合形式显示在工作区的下方和右侧。所有面板既可以折叠或展开，也可以浮动在程序窗口中，对面板的主要操作如下。

1. 打开与关闭面板

用户可直接单击"窗口"菜单下的相应面板，打开所需面板，但为了方便操作，我们常常将不用的面板与面板组直接关掉。如图 1.21 所示，若要关闭"颜色"面板中的"混色器"，先单击"混色器"，再右击"颜色"面板的标题栏，单击"关闭混色器"即可，如果单击"关闭面板组"，则会关闭整个"颜色"面板。

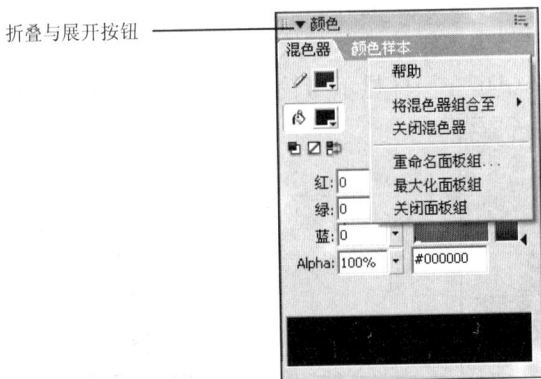

图 1.21　关闭面板

2. 面板的折叠与展开

在面板组中，各面板的位置是可以改变的，移动面板时，只要将鼠标放在面板标题栏左上角的虚孔上，当鼠标箭头变成✥时，按住鼠标左键即可拖动。单击虚孔旁边的"折叠与展开按钮"，如图 1.21 所示，可折叠面板或展开面板。

3. 重新组合面板组

用户可以根据自己的需要将多个面板组合到一起。如图 1.22 所示，"属性"、"滤镜"、"参数"面板在一个面板组中，"动作"面板为单独一个面板，如果要将"动作"面板组合到"属性&滤镜&参数"面板中，可以在"动作"面板的标题栏上右击，或单击"动作"面板标题栏右侧的菜单按钮，在弹出的菜单中依次选择"将动作面板组合至"、"属性/滤镜/参数"命令，这时"动作"面板与"属性/滤镜/参数"面板就合为一个面板组，如图 1.23 所示。

图 1.22　执行组合面板的命令

图 1.23　"属性"、"滤镜"、"参数"、"动作"面板已组合在同一面板组中

4. 常用面板

（1）对齐&信息&变形面板

对齐面板（图 1.24）：选择"窗口"、"对齐"命令可打开对齐面板，它的主要作用是调整多个对象的对齐、分布、匹配大小、间隔等，如对齐方式下的 6 个按钮分别代表左对齐、水平中齐、右对齐、上对齐、垂直中齐和底对齐，用户可根据需要进行选择。对单个对象也可进行上述操作，只要单击对齐面板上的"相对于舞台"按钮后即可。

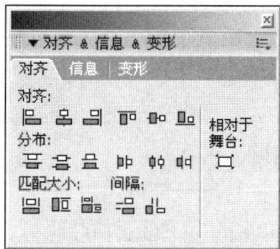

图 1.24　对齐面板

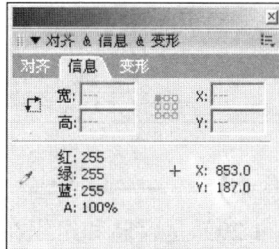

图 1.25　信息面板

　　信息面板（图 1.25）的作用是在编辑过程中向用户提供所选定对象的大小和所处位置，以及当前光标所在位置的坐标值、颜色和透明度。使用该面板可以对物体进行精确定位。

　　变形面板（图 1.26）主要用于对所选对象进行各种变形操作，如缩放、旋转、倾斜等，进行绽放操作时如果选择"约束"选项，则横向和纵向将同比例缩放。面板右下角有两个按钮，其中"复制并应用变形"按钮用于将变形后的对象在原位置进行复制；"重置"按钮用于将对象还原到变形前的状态。

　　（2）场景面板

　　场景面板（图 1.27）是 Flash 中的一个重要面板，如果电影中包含多个场景，那么这些场景会按照在场景面板中排列的顺序依次播放。

图 1.26　变形面板　　　　　　　　图 1.27　场景面板

　　对场景的操作主要有：复制场景、添加场景、删除场景、调整场景位置等。在场景面板的右下角有三个按钮，分别用于复制场景、添加场景和删除场景，如果想要改变某个场景的播放次序，只需用鼠标选中该场景后上下拖动到合适位置即可。

　　（3）动作面板

　　动作面板（图 1.28）是为了方便用户使用脚本编程语言 ActionScript 而提供的简易操作界面，单击"脚本助手"可打开脚本助手，用户只需移动鼠标添加合适的动作命令并进行必要的设置即可自由应用 ActionScript。

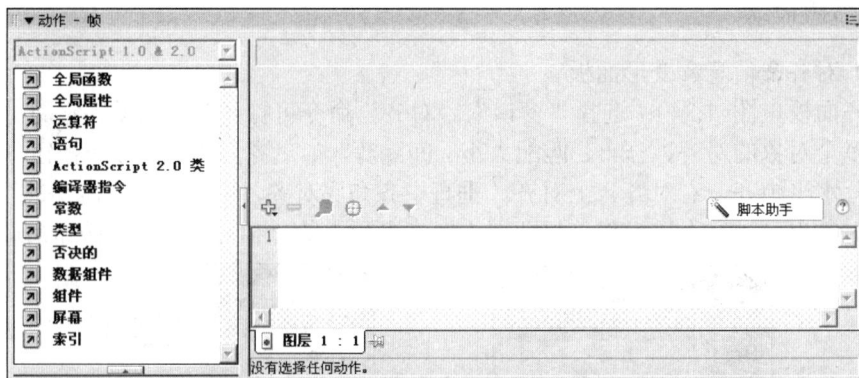

图 1.28　动作面板

　　（4）库面板

　　库面板（图 1.29）是存储和组织在 Flash 中创建的各种元件的地方，还可用于存储和组织导入的文件，包括位图文件、声音文件和视频剪辑等。可按照类型对库中的项目进行排序。在库面板下有"新建元件"、"新建文件夹"、"属性"、"删除"这几个按钮，以方便对元件进行操作。

图 1.29　库面板

知识六　工具箱

工具箱提供了绘制图形的各种工具，由 4 部分组成：选项工具、绘图工具、查看工具、颜色工具，各工具的使用方法将在下一章学习。

任务三　Flash 8 的基本操作

知识一　设置工作参数

在制作动画前，通过对首选参数进行合理的设置，可以使工作环境更适合自己的习惯和要求，提高工作效率。单击菜单"编辑"、"首选参数"命令，即可打开"首选参数"对话框。在首选参数的类别列表框中有 7 个选项，分别是：常规、ActionScript、自动套用格式、剪贴板、绘画、文本和警告，如图 1.30 所示。

如果制作的动画没有特殊要求，一般不需要对首选参数中的设置进行改变，保持默认值即可，仅在有特殊需要时才需进行相应参数的设置。

常规：设置 Flash 的整体环境。

ActionScript：用于设置用户在使用 ActionScript 时的编程环境。

自动套用格式：主要用于定义 ActionScript 代码显示的格式。

剪贴板：主要用于设置位图的各种参数。

绘画：主要用于设置"钢笔"等与绘制图形相关的一些参数。

文本：主要用于设置与字体、文本相关的参数。

警告：主要用于设置当程序出现可识别错误时，出现的相应的警告信息，一般采用默认设置。

图 1.30　"首选参数"中的"常规"选项

知识二　设置工作环境

1．设置标尺和网格

制作动画时，为了将对象的位置设置得更精确，可以给舞台加上标尺和网格。标尺和网格只起辅助定位作用，在动画播放时不会显示网格线与标尺。图 1.31 所示的即为显示了标尺和网格的舞台。

显示或隐藏标尺可通过单击菜单"视图"、"标尺"命令完成，选中该菜单项，菜单左边出现 √ 符号，此时显示标尺，再次单击，取消标尺。

单击菜单"视图"、"网格"、"显示网格"命令，在"显示网格"前会出现 √ 符号，这时将显示网格，再次单击该命令，"显示网格"前的 √ 符号消失，将隐藏网格。如果单击菜单"视图"、"网格"、"编辑网格"命令，将打开图 1.32 所示的"网格"对话框，在对话框中，可以设置网格线的颜色、选择是否"显示网格"、舞台对象是否要"贴紧至网格"，还可修改网格的大小以及对齐精确度。

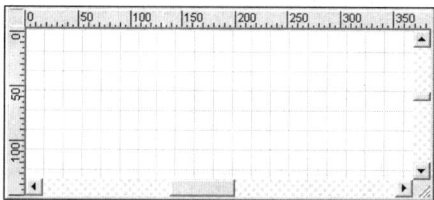

图 1.31　显示了标尺和网格的舞台

图 1.32　"网格"对话框

↔ [18 px]　文本框用于设置网格线的水平间距。

↕ [18 px]　文本框用于设置网格线的垂直间距。

对齐精确度：表示对象能自动被网格捕获的距离范围。

2. 设置 Flash 文件属性

在开始制作动画前，必须先设计好动画文件的屏幕大小、放映速度等属性，如果在制作过程中再改变这些属性，动画文件将会受到破坏，将要多付出几倍的功夫来一一调整对象，以适应后来的改动。因此，在新建文件后，一般首先要设置 Flash 文件属性。

在工作区空白区域单击鼠标，"属性"面板上将会显示 Flash 文件的相关属性，如图 1.33 所示。

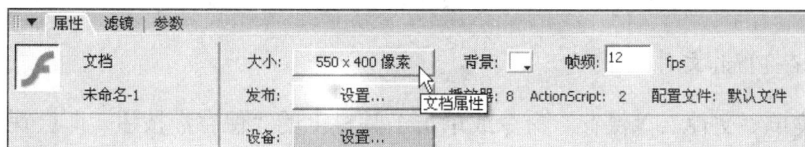

图 1.33　"属性"面板上显示的文件属性

单击"大小"选项右边的按钮，打开"文档属性"对话框，如图 1.34 所示，即可进行相应设置，设置完毕单击"确定"按钮，如果要将该设置应用于所有文档，则可单击"设为默认值"按钮。

图 1.34　"文档"属性对话框

知识三　新建、打开与保存文件

1. 新建 Flash 文件

在 Flash 8 中，用户可以通过以下方法创建新文件：

方法一：在启动界面上单击"创建新项目"中的"Flash 文档"，如图 1.7 所示。

方法二：单击菜单"文件"、"新建"命令。

方法三：单击工具栏上的"新建"按钮。

Flash 默认的新建文件的名称是"未命名-1"、"未命名-2"……以此类推。

2．打开 Flash 文件

在 Flash 8 中，用户可以通过以下方法打开已有的 Flash 文件：

方法一：双击电脑上已有的 Flash 文件，如果电脑上已安装好 Flash 8，那么将会启动 Flash 8 软件并打开该文件。

方法二：在启动界面上单击"打开最近项目"中的"打开"，在弹出的打开对话框中选定要打开的文件，双击该文件或选定该文件后单击确定即可。

方法三：单击菜单"文件"、"打开"命令。

方法四：单击工具栏上的"打开"按钮。

3．保存 Flash 文件

单击菜单"文件"、"保存"命令或单击工具栏上的"保存"按钮，即会保存当前编辑的 Flash 动画。如果是第一次保存，将会弹出"另存为"对话框，选择保存的位置并输入文件名后，单击"确定"即可。

知识四　发布动画

1．作品的优化

要准备在其他应用程序中使用 Flash 内容，可以使用导出命令，要在 Web 上发布影片，可以使用 Flash 提供的发布命令。在发布动画时应尽量减小作品的大小，可以执行以下操作优化作品减小作品大小。

1）对于在影片中多次使用的元素，应将其制作成元件后再多次调用，以减小作品大小。

2）尽量使用关键帧动画，因为这类动画所占的资源比逐帧动画少。

3）尽可能少用特殊线条，如虚线、点线等，实线比特殊线条所占的资源少，用铅笔工具绘制的线条占用的内存比用刷子工具绘制的线条占用的内存少。

4）将动画播放过程中发生变化的元素同不发生变化的元素存放在不同的层中。

5）对于声音文件，请尽量使用压缩后的文件格式，如 MP3 格式。

6）可以组合的元素应尽量用 Ctrl+G 键或"修改"、"组合"命令将元素组合起来。

2．作品的测试

虽然 Flash 影片可以边下载边播放，但如果影片播放到某一帧，而所需的数据还未完全下载的时候，影片就会出现停顿直到数据下载完毕，所以通常应事先测试影片的下载速度，找出下载过程中可能造成停顿的地方，并做出相应的调整。

在 Flash 编辑状态下，按 Ctrl+Enter 快捷键或选择"控制"、"测试影片"命令，进入测试模式，如图 1.35 所示。

如果画面中没有出现显示测试数据及每帧大小的柱状图，可选择"视图"、"带宽设置"命令。在模拟带宽分布图中，方框代表帧的数据量，如果方框在红线上，表示动画的下载速度慢于播放的速度，动画将会在这些地方停顿，用户可在影片的相应帧处做出调整。

　　3. 导出影片

　　（1）SWF 动画

　　SWF 动画是在浏览网页时常见的具有交互功能的动画，以.swf 为后缀，拥有动画、声音等全部内容。在"文件"、"导出"、"导出影片"对话框的"保存类型"下拉列表框中选择"Flash 影片（*.swf）"格式，输入保存的文件名后单击"确定"按钮，将弹出"导出 Flash Player"对话框，如图 1.36 所示，该对话框中的主要设置如下。

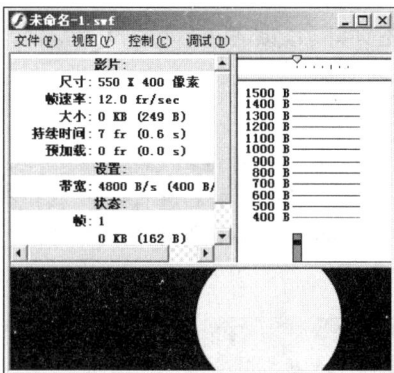

图 1.35　测试影片

图 1.36　"导出 Flash Player"对话框

　　1）版本：默认的是 Flash Player 8，低版本对某些效果不支持。

　　2）加载顺序：可从下拉列表框中选择打开动画时的显示次序，选择"由下而上"，动画将会从下方的层开始显示；选择"由上而下"，动画将从顶部的层开始显示。

　　3）ActionScript 版本：默认的是 Flash 8 的 ActionScript 2.0 增强版本。

　　4）选项：

　　生成大小报告：勾选此项，可产生一份详细记载帧、元件及声音压缩后大小的报告。

　　防止导入：勾选此项，可防止别人通过 Flash 的"文件"、"导入"命令来导入文件。

　　省略 trace 动作：勾选此项，可取消跟踪指令。

　　允许调试：勾选此项，播放时右击鼠标弹出的快捷菜单中会增加 Play、Loop 等控制选项。

　　压缩影片：增加对压缩的支持。

　　5）密码：当选择"防止导入"复选框后，在此输入密码。

　　（2）GIF 动画

　　目前网页中见到的大部分动态图标几乎都是 GIF 动画，由 Flash 影片生成的 GIF 动画不支持声音及交互,而且比不包含声音的 SWF 文件大。

在"文件"、"导出"、"导出影片"对话框的"保存类型"下拉列表框中选择"GIF 动画(*.gif)"格式,输入保存的文件名后单击"确定"按钮,将弹出"导出 GIF"对话框,如图 1.37 所示。

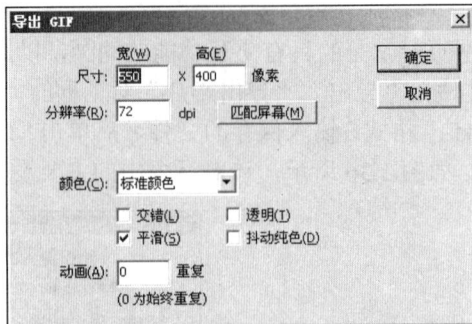

图 1.37   "导出 GIF"对话框

Flash 8 能导出的文件格式除了以上两种外,还有许多,读者可一一进行查看与设置。

4. 发布设置与预览

Flash 影片可以导出多种格式的文件,为了避免每次输出时都进行设置,可以用"文件"、"发布设置"命令打开"发布设置"对话框,如图 1.38 所示。选择需要发布的全部格式并指定设置,即可一次性输出所有选定的格式文件,这些文件将存放于 Flash 影片文件所在的同一文件夹中。

图 1.38   "发布设置"对话框

在"格式"选项中勾选要导出的文件格式，可在右边的文本框中设置文件名，如果单击"使用默认名称"按钮，则使用默认的影片文件名。还可在对话框的上部选择某一选项进行相应设置。单击"发布"按钮，就可输出所选的文件。

习　题

一、选择题

1．如果想再次启动开始页，需在下列编辑菜单中的（　　　）中设置。
　　A．首选参数　　　　B．查找　　　　　　C．控制　　　　D．自定义工具面板

2．可对图层进行的操作有（　　　）。
　　A．增加图层　　　　B．删除图层　　　　C．复制图层　　D.将图层拖至舞台工作区

3．显示或隐藏标尺可单击（　　　）菜单中的标尺命令完成。
　　A．编辑　　　　　　B．视图　　　　　　C．命令　　　　D．窗口

4．用户可直接单击（　　　）菜单打开所需的面板。
　　A．编辑　　　　　　B．视图　　　　　　C．命令　　　　D．窗口

5．首选参数设置包括（　　　）项目。
　　A．常规　　　　　　B．ActionScript　　　C．自动套用格式　　D．剪贴板

6．（　　　）用于组织和控制文档内容在一定时间内播放的图层数和帧数。
　　A．图层　　　　　　B．时间轴　　　　　　C．舞台工作区　　　D．工具栏面板

7．（　　　）面板是存储和组织各种元件的地方。
　　A．场景　　　　　　B．动作　　　　　　C．信息　　　　　　D．库

8．若文档中包含未保存的修改时，在文档标题栏和应用程序标题栏中的文档名称后会出现一个（　　　）符号。
　　A．#　　　　　　　　B．%　　　　　　　　C．&　　　　　　　D．*

9．要对遮罩图层进行编辑，可单击（　　　）解锁，要再次显示遮罩效果，可再次单击该按钮。
　　A．　　　B．　　　C．　　　D．

二、问答题

1．Flash 8 有哪些新增功能？
2．Flash 8 中的图层有哪几种模式？分别适合在何种情况下使用？
3．Flash 8 中对齐面板有哪些功能？如何打开对齐面板？
4．Flash 8 可以输出的文件格式有哪些？
5．导出的文件是否越小越好？为什么？

三、上机操作题

1．请新建一个动画文件并保存。
2．请将自己制作的动画以不同格式输出。

项目二

Flash 绘图

主要内容

◆ 了解各种工具及其选项按钮的作用
◆ 掌握常用工具的使用方法

学习目的

◆ 熟悉工具栏中各种工具的使用方法和
　作用
◆ 能熟练使用常用绘图工具绘制较复杂
　的图形

任务一　"选取"工具

利用 Flash 中绘图工具可以绘制很多精美的图形，绘图工具如图 2.1 所示。

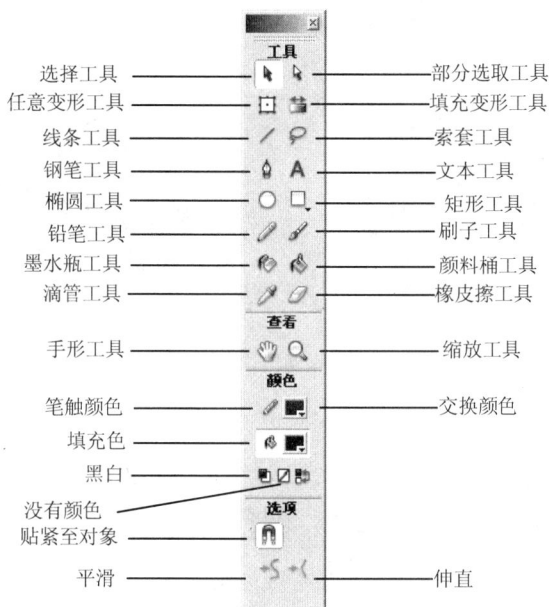

图 2.1　Flash 中的绘图工具

知识一　"选择"工具

"选择"工具（🔺）是所有工具中最常用的工具，主要有选择对象、移动对象、编辑对象 3 种功能。

1. 选择单一对象

在编辑对象之前，必须先选择对象，被选择的对象将被亮点填充或被方框包围，选择单个对象十分简单，只需在选取的对象上单击鼠标左键即可，如果要同时选取填充区和它的边框，则可以双击，如图 2.2 所示。

单击鼠标选取填充区　　　　双击鼠标选取填充区和边框

图 2.2　选取单一对象

2．选取多个对象

需同时选取多个对象时，可以使用以下两种方法之一。

方法一：在空白区域按住鼠标左键向对象拖曳，将要选取的对象都包含在一个矩形内，松开鼠标后，矩形框内的所有对象都将被选中，包括对象的边框和填充区，如图 2.3 所示。

方法二：按住 Shift 键，依次单击所需选取的对象，这种方法能比较精确地选中我们要选取的多个对象，如图 2.3 所示。

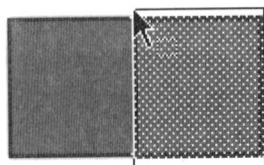

使用方法一选取对象　　　　　使用方法二选取对象

图 2.3　选取多个对象

3．移动对象

用"选择"工具指向已经选取的对象，按住鼠标左键并拖曳，就可以将对象拖到指定位置，如果选取了多个对象，这几个对象将一起移动。

> **注意 ZHU YI**　如果选取对象时选定的是填充区，没有选定边框，那么拖动对象时边框部分将不会移动。

4．编辑对象

选择工具还可以改变对象的形状，利用选择工具编辑对象主要有以下 3 种操作：

1）如果将鼠标移向对象附近，鼠标指针变成 时，按住鼠标左键拖曳，可以改变线条的曲率，如图 2.4 所示。

> **注意 ZHU YI**　编辑对象时，必须使该对象处于未选定状态，否则就成了移动对象的操作。

将鼠标移向对象　　　　　按住鼠标左键拖曳改变线条曲率

图 2.4　改变线条曲率

2）如果将鼠标移向对象的角点时，鼠标指针变成 时，按住鼠标左键拖曳，可以拉伸对象，同时形成拐角的线条仍然保持为直线，如图 2.5 所示。

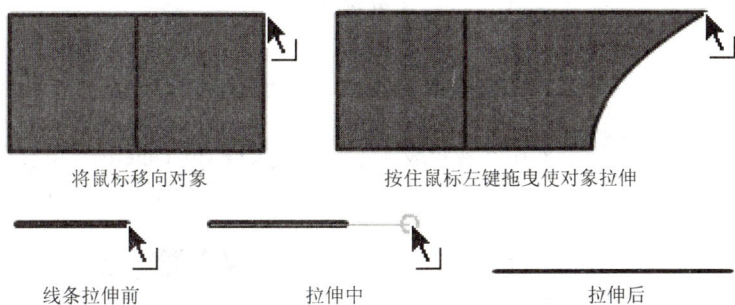

将鼠标移向对象　　　　按住鼠标左键拖曳使对象拉伸

线条拉伸前　　　　拉伸中　　　　拉伸后

图 2.5　拉伸对象

3）按住 Ctrl 键，同时用鼠标在一线条上拖动，可以生成一个新的角点，如图 2.6 所示。

鼠标靠近对象　　　　按住 Ctrl 同时拖动鼠标　　　　松开鼠标后

图 2.6　增加角点

5. 选项栏

选中选择工具后，在选项栏有三个选项按钮，如图 2.1 所示。

（1）"贴紧至对象"按钮

"贴紧至对象"按钮也被称为磁铁或捕获按钮，在用鼠标拖曳一个对象靠近另一对象里，被拖曳对象一旦到达另一对象的捕捉范围时，它就像被磁铁吸引一样，自动向另一对象靠拢。

（2）"平滑"按钮

"平滑"按钮可以使对象变得更加平滑。选中对象后每单击一次该按钮，对象就被平滑一次。

（3）"伸直"按钮

"伸直"按钮可以使对象变得更加棱角分明。选中对象后每单击一次该按钮，对象就被拉直一次。

知识二　"部分选取"工具

用"部分选取"工具 ↖ 单击工作区中的曲线时，曲线上会显示出空心小点，这些空心小点被称为节点，这时可以对这些节点进行以下 4 种操作。

注意 ZHU YI　　　　"部分选取"工具没有选项。

1. 删除节点

选中其中的一个节点，该节点将变成实心的小方点，按 Delete 键可以删除该节点，如图 2.7 所示。

选择节点 a　　　　　　　　　　　　节点 a 已删除

图 2.7　删除节点

2. 移动节点

用鼠标拖动任意一个节点，可以将该节点移动到新的位置，如图 2.8 所示。

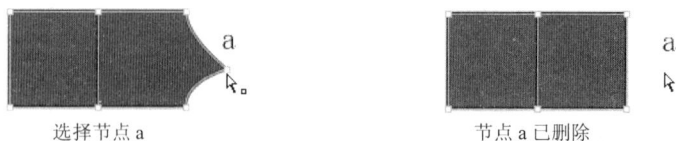

选择节点 a　　　　　　　　　　　　移动节点 a

图 2.8　移动节点

3. 将角点转换为曲点

用"部分选取"工具拖曳角点时，按住 Alt 键，可将角点转换为曲点，如图 2.9 所示。

变形中　　　　　　　　　　　　变形后

图 2.9　节点转换为曲点

4. 调节曲率

选中一个曲点，用鼠标拖动调节柄，可以调整其控制的线段的曲率，如图 2.10 所示。

调整中　　　　　　　　　　　　调整后

图 2.10　调整曲率

知识三　"索套"工具

"索套"工具 🗨 可以用来选取任何形状范围的对象，而选择工具只能拖出矩形的选取范围，因此在选取功能上要更强些。使用时只需按住鼠标左键拖曳，画出要选择的范围，松开鼠标后，会自动选取"索套"工具圈定的封闭区域，如图 2.11 所示。当线条没有闭合时，会用直线连接起点和终点，自动闭合曲线。

图 2.11　使用"索套"选定不规则图形

选中"索套"工具后，在选项栏内会出现三个辅助选项按钮，如图 2.12 所示。

图 2.12　"索套"选项

（1）"魔术棒"按钮

用魔术棒单击位图图像时，Flash 将选中与单击点颜色相近的区域。

> **注意**
> 此按钮主要用于对位图的操作，对矢量图形无效。

（2）"多边形模式"按钮

使用此按钮后，每次单击鼠标就会确定一个端点，端点之间用直线连接，鼠标回到起始处附近时双击将会选定被包围的区域，如图 2.13 所示。

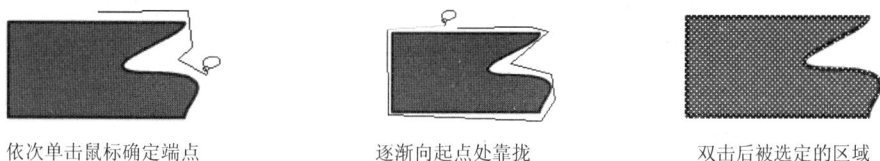

依次单击鼠标确定端点　　　　逐渐向起点处靠拢　　　　双击后被选定的区域

图 2.13　使用"多边形模式"按钮选取对象

（3）"魔术棒设置"按钮

单击该按钮可弹出"魔术棒设置"对话框。对话框中的"阈值"用于定义与选取范围内相邻像素色值的接近程度，数值越高，魔术棒选取时的容差范围也越大，如果数值为 0，像素色值即为单击点处像素值完全一致。"平滑"用于定义位图边缘的平滑程度，包括像素、粗略、标准和平滑 4 个选项。

任务二 绘图工具

知识一 "直线"工具

"直线"工具 ✐ 就是用来绘制直线的工具，选中该工具即可画出直线，如果在绘制直线的过程中按住 Shift 键，可以绘制垂直和水平的直线，或是 45°角的斜线。选中"直线"工具后，在工作区下面的属性面板中可以设置直线的属性，如图 2.14 所示。

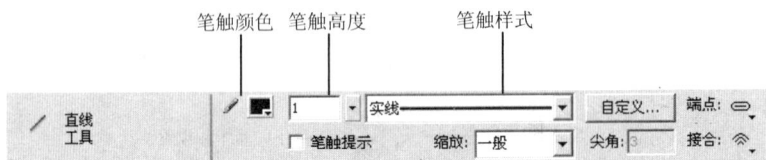

图 2.14 "直线"工具的属性面板

该属性面板中各个组件的含义如下：

1）笔触样式：在该下拉列表框中可以选择不同的线条样式，如实线、点线、短划线等。

2）笔触高度：笔触高度也就是线条的宽度，在该文本框中直接输入数字后按 Enter 键，即可改变线条的宽度，也可单击文本框右侧的下拉箭头，用鼠标拖动滑块，也可改变线条的粗细。

3）笔触颜色：单击该按钮，将出现调色板，可以选择一种颜色作为直线的颜色。在调色板中还可以设置颜色的 Alpha 值。

4）自定义：单击该按钮，会打开"笔触样式"对话框，可以进一步对直线的属性进行设置。图 2.15 和图 2.16 为虚线的设置，对比两图，可看出图 2.16 的线段略短，线段间距略长，由此可知类型下的 2 个文本框的作用，左侧文本框可设置线段的长度，右侧文本框可设置线段的间距。其他线条类型的设置，请读者自行验证。

图 2.15 自定义直线属性

5）端点：在 Flash 中，可以给线条的终点加上端点，以美化线条和实现线条之间的平滑连接。单击端点右边的按钮，在弹出的菜单中有三个选项：无、圆角、方型。图 2.17 所示的分别是这三种选项的效果图。

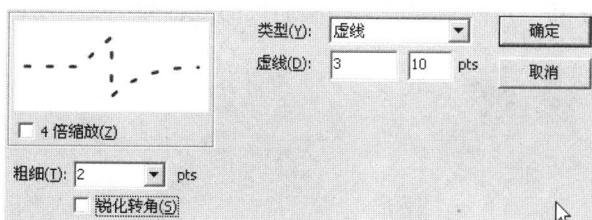

图 2.16 自定义直线属性

6）接合：单击接合右边的按钮，弹出三个选项：尖角、圆角、斜角。图 2.18 所示的分别是这三种接合选项的效果图。

无端点　圆角端点　方型端点　尖角接合方式　圆角接合方式　斜角接合方式

图 2.17 端点的效果图　　　　图 2.18 接合的效果图

7）选项：选取"线条"工具后，对应的选项栏中有两个辅助选项按钮，如图 2.19 所示。

对象绘制 ——————— 选项 ——————— 贴紧至对象

图 2.19 "线条"工具选项栏

贴紧至对象：按下该按钮，启动自动捕捉功能，当鼠标绘制的直线接近其他对象时，直线将自动连接到其他对象上，用户可以根据实际情况决定是否选择该选项。

对象绘制：按下该按钮，所绘制的线条将作为独立的对象，不与其他对象相互影响。

知识二 "钢笔"工具

1. 画直线

选中"钢笔"工具后，每单击一次鼠标左键，就会产生一个节点，并且同前一个节点自动用直线相连，前后两节点间的距离决定了中间连接线段的长度。在绘制的同时，如果按住 Shift 键，则可以绘制出与舞台的水平线成 0°、45°、90° 角的线段。要结束图形的绘制，可以进行以下操作。

1）要完成一个开放区域，只需双击最后一个节点，或者单击工具箱中的"钢笔"工具，还可以按 Ctrl 键并同时单击。

2）要完成一个封闭区域，可将"钢笔"工具定位于第一个节点处，这时在笔尖状的鼠标指针旁会出现一个小圆圈，接着单击鼠标左键就可形成一个封闭区域。

2. 画曲线

选择"钢笔"工具，单击鼠标创建第一个节点，在另一位置按下鼠标左键产生第二节点后不要松开，拖曳鼠标，在拖曳时将出现曲线的调节柄，若此时同时按住 Shift 键，则调节柄的方向将为 45°角的整数倍。绘制曲线的过程如图 2.20 所示。

拖曳第二个节点　　　　拖曳第三个节点　　　　完成后的曲线

图 2.20　曲线的绘制

3. 调整节点

（1）移动节点

用"部分选取"工具选定要移动的对象，并将鼠标指针移动到节点上，按住鼠标左键不放并拖曳即可移动节点，如图 2.21 所示。移动时，也可使用键盘上的方向键进行精确移动。

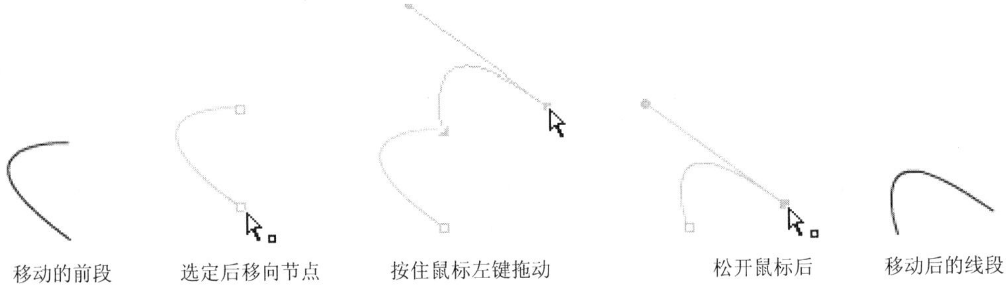

移动的前段　　　选定后移向节点　　　按住鼠标左键拖动　　　松开鼠标后　　　移动后的线段

图 2.21　移动节点的步骤

（2）角点与曲点的相互转换

角点转换为曲点：选择"部分选取"工具，按住 Alt 键，拖曳节点即可，如图 2.22 所示。

曲点转换为角点：选择"钢笔"工具，将鼠标移向曲点，单击该曲点即可，如图 2.23 所示。

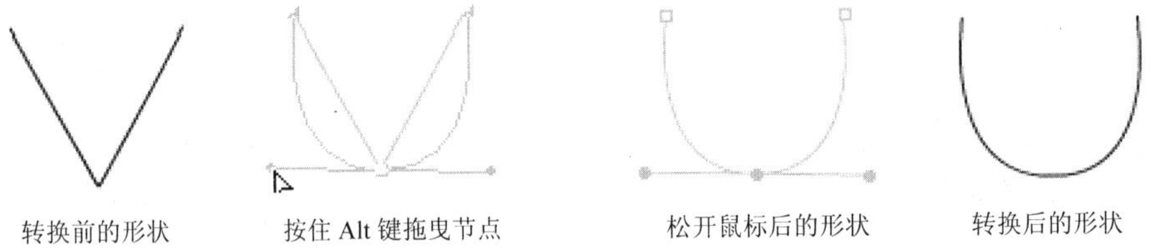

转换前的形状　　　按住 Alt 键拖曳节点　　　松开鼠标后的形状　　　转换后的形状

图 2.22　角点转换为曲点

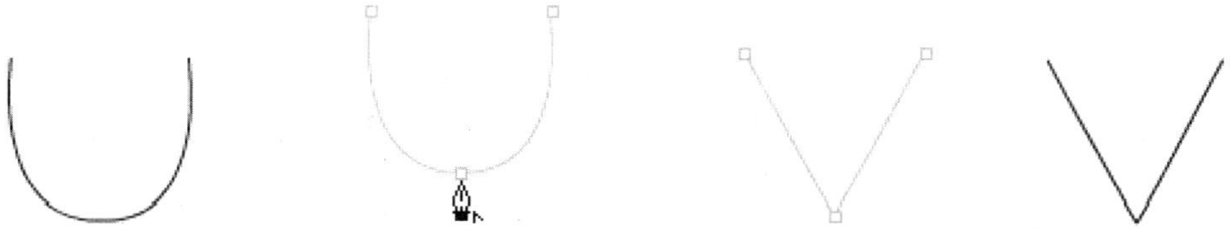

| 转换前的形状 | 选定对象后移向节点 | 单击曲点 | 转换后的形状 |

图 2.23　曲点转换为角点

（3）添加节点

选择"钢笔"工具，然后将笔尖对准线段上要添加节点的位置，当鼠标指针显示为 🖋+时，单击即可添加节点。

（4）删除节点

删除角点：用"钢笔"工具的笔尖对准角点，当鼠标指针显示为 🖋-时，单击即可删除该角点。

删除曲点：用"钢笔"工具的笔尖对准曲点，连续单击两次即可删除该曲点。第 1 次单击可将曲点转换为角点，第 2 次单击将删除该点。

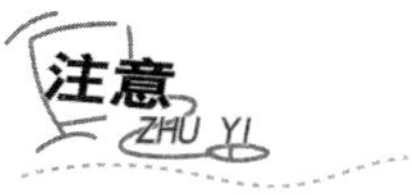

选择部分选取工具，单击节点后按 Delete 键也可删除节点。

知识三　"文本"工具

使用"文本"工具 **A** 可以在动画中添加文字，选中"文本"工具后，在属性面板中可设置文本的各种属性，如字体、字体大小、文本颜色、文本类型等。文本属性面板如图 2.24 所示。

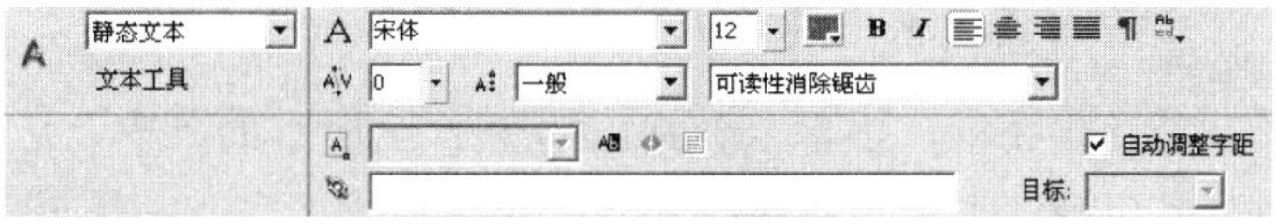

图 2.24　文字属性面板

知识四　"椭圆"工具与"矩形"工具

"椭圆"工具 ◯ 和"矩形"工具 ▢ 用于绘制椭圆、正圆、矩形和正方形，"椭圆"工具的使用和"矩形"工具的使用方法大致相似，所以这里仅介绍矩形工具的使用，"椭圆"工具的使用方法可以此类推。图 2.25 所示为"矩形"工具的属性面板。

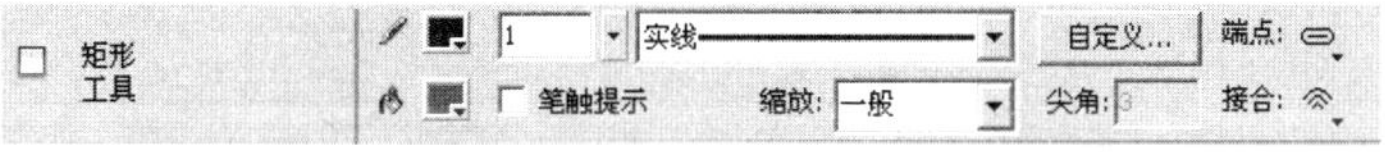

图 2.25　"矩形"工具属性面板

在"矩形"工具的属性上，有两个颜色选择工具，![pencil]用于设置边框颜色，![bucket]用于设置填充色。单击边框颜色的选择按钮![button]时会弹出调色板，如果想把边框色设置为无，可单击调色板上的![icon]，表示在不使用边框色，如图 2.26 所示。填充色的选择与设置与边框色的设置相同。

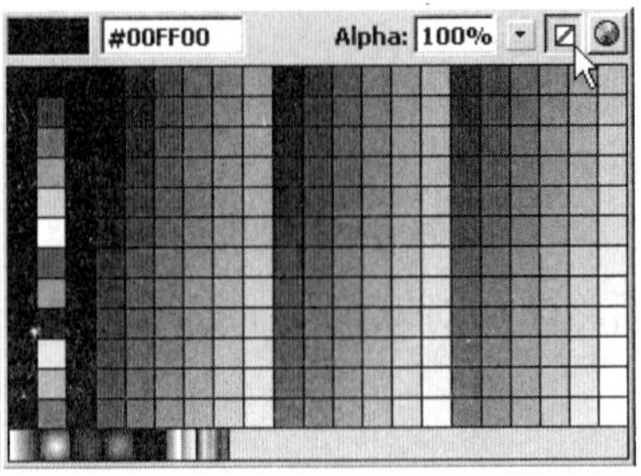

图 2.26　调色板

选择"矩形"工具后，在工具箱的选项下会出现一个![icon]工具，这是"椭圆"工具没有的，使用该工具可以绘制任意的圆角矩形，单击该按钮后将弹出如图 2.27 所示的对话框。

图 2.27　边角半径为 20，边框线大小为 5，填充色为无的矩形和矩形设置对话框

在绘制图形时若同时按住 Shift 键，那么，用"椭圆"工具可以画出正圆，用"矩形"工具可以画出正方形；按住 Alt 键时，将从起始点向四周发散来绘制图形；按住 Alt+Shift 键则可以从起始点向四周发散来绘制正圆或正方形。

按住"矩形"工具 2~3 秒，屏幕上会弹出如图 2.28 所示的菜单，选择"多角星形"工具后按住鼠标左键在舞台上拖曳就能绘制多边形了，单击"多角星形"工具的属性面板上的"选项"按钮，将弹出如图 2.29 所示的对话框，在其中可以对"多边形"工具的属性进行设置。在样式下拉列表框中有"多边形"和"星形"两个选项，默认的是"多边形"。图 2.30 所示的是用"多角形"工具绘制的效果图。从左往右分别是：样式为星形、边数为 5、星形顶点大小为 0.50 的效果；样式为星形、边数为 5、星形顶点大小为 0.10 的效果；样式为多边形、边数为 5、星形顶点大小为 0.50 的效果。

图 2.28　"多角星形"工具 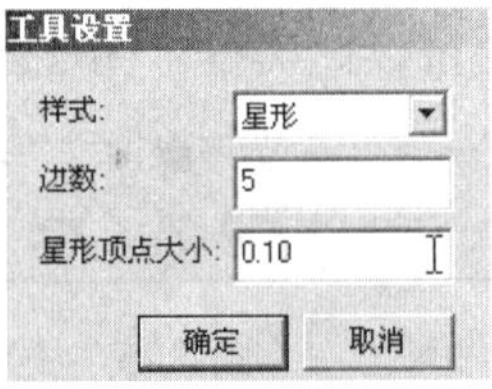　　　图 2.29　"工具设置"对话框

图 2.30　用多角星形工具绘制的效果图

知识五　"铅笔"工具

使用"铅笔"工具![铅笔图标]可以画各种形式的线条，绘制时如果同时按下 Shift 键，则可将线条约束在水平、垂直和 45°角的方向。单击"铅笔"工具的选项栏中的![按钮]按钮，可以选择绘制模式，如图 2.31 所示

图 2.31　绘制模式

伸直模式：可以绘制直线，如果绘制的是不规则的三角形、椭圆、矩形，只要绘图轨迹接近于三角形、椭圆或矩形，将被强制变为相应的规则几何形状。

平滑模式：可以绘制平滑曲线，使用该模式，即使绘图时鼠标稍有抖动，也能绘制出较平整的线条。

墨水模式：选择这种模式，绘制的自由型线条将基本保持原样。

知识六　"刷子"工具

"刷子"工具![刷子图标]的使用方法和"铅笔"工具基本相同，使用"刷子"工具绘图时可使用导入的位图作为填充物。使用"刷子"工具的具体步骤如下：

1）在工具箱中选择"刷子"工具后选择一种填充色。

2）单击"刷子模式"按钮，在弹出的菜单中选择"刷子模式"，如图 2.32 所示。

标准绘画：若选择此项，刷子将会覆盖原图的线条和填充区域。

颜料填充：刷子只覆盖填充区域，线条不受影响，如图 2.33 所示。

图 2.32　"刷子"工具的 5 种绘图模式 　　图 2.33　"颜料填充"模式绘画效果

后面绘画：刷子只对同层工作区上的空白区域进行绘图，线条及填充区域不受影响。

颜料选择：刷子只涂改被选中的区域，因此在使用这种模式绘画时，必须先选中要绘画的区域。

内部绘画：选择这种模式，刷子只在第一笔所在的封闭区域内绘画，且不影响线条，如图 2.34 所示。

3）在工具箱中选择刷子大小和刷子形状。

4）在工作区上运用刷子工具进行绘制，如果在绘制的同时按住 Shift 键，则可将刷子约束在水平或垂直的方向绘图。

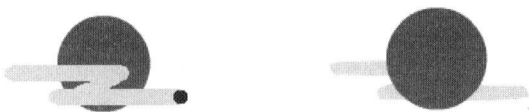

图 2.34　"内部绘画"模式绘画效果

知识七　"任意变形"工具

"任意变形"工具![]可以对图形进行各种各样的变形，可进行缩放、旋转、倾斜、翻转、扭曲、封套等变形。选择"任意变形"工具后，在工具箱底部的选项区域中选择变形模式，如图 2.35 所示。

图 2.35　任意变形工具的选项栏

旋转与倾斜![]按钮：选择"任意变形"工具后，用鼠标单击要旋转的对象，这时对象周围会出现黑色边框，边框上共有 8 个控制点，对象中央的圆点为旋转中心点，旋转时将以该圆点为中心旋转，中心点的位置可以用鼠标移动。单击选项栏中的旋转与倾斜按钮，鼠标移动到对象四个角上的控制点时，鼠标光标变成旋转光标，这时可拖曳鼠标旋转对象。鼠标移到四条边线上时，光标将变成倾斜光标，拖曳鼠标即可倾斜变形对象。

缩放![]按钮：可用来调整对象大小。

扭曲![]按钮：用来调整对象的形状，使之自由扭曲变形。

封套![]按钮：按下该按钮，对象的每个边上会新增 4 个控制点，鼠标移近这些控制点时，光标将变成封套光标，这时拖曳鼠标，可使对象的形状发生奇妙的变化，获得不同的效果。

知识八　"填充变形"工具

"填充变形"工具![]是用来调整渐变色填充对象或位图填充对象的重要工具。选择该工具后在工作区中单击要编辑的填充对象，对象周围会出现一个边框，边框上带有编辑手柄，当鼠标指针落在这些手柄上时，指针的形状会发生相应的改变，指针的形状可以指示出对应的手柄的作用。图 2.36 所示的是对位图填充对象的操作效果。

第一步　　　　第二步　　　　第三步

图 2.36　"填充变形"工具的使用

操作步骤

1）在工作区画一圆。

2）选定圆中的填充部分，在颜色面板中混色器的类型中选择事先导入的位图，也可通过点击导入来重新选择图片。

3）选择"填充变形"工具后在圆上单击，按住 ⊙ 按钮拖动鼠标，调整填充位图至合适位置。

图 2.37 为使用不同编辑手柄产生的效果。

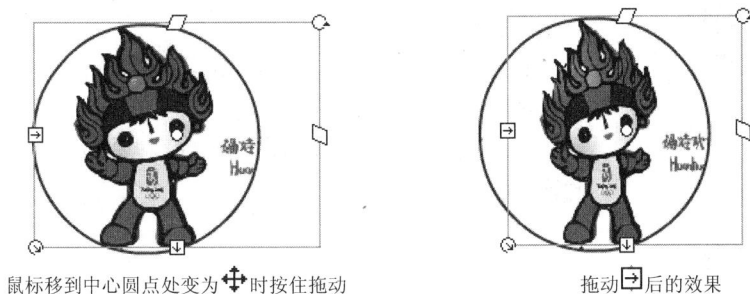

鼠标移到中心圆点处变为 ✛ 时按住拖动　　　　拖动 ➡ 后的效果

图 2.37　编辑手柄的调整效果

利用"填充变形"工具编辑渐变色填充对象时，可在混色器面板的类型中选择"线性"或"放射状"，如图 2.38 所示。

在设置渐变色时，可拖动渐变色定义条上的滑块来调整填充颜色所占的位置，如果需要增加填充颜色，可将鼠标放到渐变色定义条上，当鼠标变为 时，单击便会产生一个新的颜色点，如果需将多余的颜色点删掉，将按住颜色点滑块拖出即可，双击颜色点滑块会打开调色板，以方便选择颜色。

设置好渐变色后，即可选择"填充变形"工具来调整填充对象了，各手柄的使用方法与位图的手柄调整方法相同。

图 2.38　线性填充

知识九　"墨水瓶"工具

"墨水瓶"工具 用于更改线条的颜色、线宽和样式等属性。使用"墨水瓶"工具的具体步骤如下：

1）选择"墨水瓶"工具后在图 2.39 所示的属性面板上设置线条的样式、颜色和线宽。

2）用"墨水瓶"工具直接单击要修改的线条，即可改变线条的样式、颜色和线宽。该方法也可为一无边框的封闭区域加上边框线。

图 2.39　"墨水瓶"工具的属性面板

知识十 "颜料桶"工具

与"墨水瓶"工具相对应,"颜料桶"工具 的功能是更改填充区域的颜色,它可以填充封闭区域或不完全封闭区域,但如果不封闭图形的缺口太大,那么就需要手工封闭缺口后才能再填充。它可以使用纯色、渐变色和位图填充。选择颜料桶工具后,单击工具箱选项区的空隙大小按钮会弹出 4 种填充方式,如图 2.40 所示。

图 2.40 颜料桶工具的 4 种填充方式

不封闭空隙:若选择这种模式,颜料桶只填充完全封闭的区域,对所有不完全封闭的区域都无效。

封闭小空隙:选择这种模式,颜料桶可以填充有较小缺口的区域。

封闭中等空隙:选择这种模式,颜料桶可以填充中等缺口的区域。

封闭大空隙:选择这种模式,颜料桶可以填充较大缺口的区域。

知识十一 "滴管"工具

"滴管"工具 用于吸取填充或线条的颜色值,选择"滴管"工具后,单击边框时,"滴管"工具会自动变为 ;单击填充区时,"滴管"工具会自动变为 。然后在其他边框或填充区内单击,则新的颜色将被应用到该边框或填充区内。

知识十二 "橡皮擦"工具

"橡皮擦"工具 可以擦除工作区上的边框和填充,选中"橡皮擦"工具后,在工作区中拖曳鼠标时,鼠标拖过的区域会被擦除。"橡皮擦"工具有 3 个选项按钮:"橡皮擦模式"、"橡皮擦形状"和"水龙头",如图 2.41 所示。

图 2.41 "橡皮擦"工具的选项栏 图 2.42 5 种擦除方式

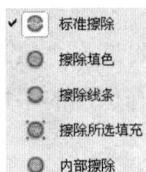

"橡皮擦模式"按钮:用鼠标单击该按钮,将弹出 5 种橡皮擦模式,如图 2.42 所示。

1)标准擦除:选择该模式,可以擦除同一图层上的所有的边框线和填充色。

2)擦除填色:选择该模式,只擦除填充区,不擦除边框线。

3)擦除所选填充:选择该模式,只擦除被选中部分的填充色,所以在使用前要先选中对象。

4)内部擦除:选择该模式,只擦除第一笔所在的封闭区域,封闭区域外的对象不受影响,并且不擦除边框线。

"水龙头"按钮：按下该按钮，可快速擦除边框或填充区，当按下该按钮时，鼠标指针变成了水龙头的样子，用鼠标单击任何对象，此对象就会被完全擦除。

任务三　查看工具

知识一　"手形"工具

当窗口无法同时显示所有的内容时，可用"手形"工具 调整图形的显示区域。操作方法是：选中该工具后直接用鼠标拖动图形即可。

知识二　"缩放"工具

当编辑的图形过大或过小时，可利用"缩放"工具 对图形的尺寸进行调整。选择"缩放"工具后，在选项栏有两个选择按钮：放大 和缩小 。操作方法是：选中其中一个按钮后，再用鼠标单击工作区即可。也可用鼠标在工作区中拉出一个待缩放的矩形区域，松开鼠标后该区域的图形将做相应的缩放变化。

注意 ZHU YI　双击"缩放"工具 ，可使图形恢复到原样，即 100%。

任务四　绘图实例

知识一　绘图小技巧

1. 几何图形法

在绘图过程中可多利用规则的几何图形，如圆、椭圆、矩形、多边形等，通过修改与加工，如添加节点、改变曲率等，形成不规则图形。

2. 辅助线法

在绘图过程中为了填充某一开放区域，可临时添加一些辅助线以封闭缺口，完成填充后再将该辅助线删除，为使添加的辅助线与作图线能准确区分，可将添加的辅助线设为其他特定的颜色。

3. 移位法

如果绘制的图像较复杂，在绘制局部区域时为了防止修改到其他部分，可先将零部件画在旁边，画好后再移到原图像指定的位置。

4. 导入位图

可事先导入位图放入一图层中，并锁定该图层，在其余图层上绘画，导入的位图可用于对比绘画新图时的位置、形状以及颜色。

知识二　实例一：绘制西瓜

操作步骤

1）启动 Flash 8，在开始页中选择新建文档，在工具箱中选定"线条"工具，在工作区上画出一条直线。

2）选择"选择"工具，将鼠标移向工作区的直线中间，当光标变为 时，按住鼠标拖动，如图 2.43 所示。

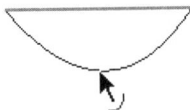

图 2.43　直线向拖曳的方向弯曲　　图 2.44　对曲线进行缩放　　图 2.45　以直线封口

3）将已弯曲的线条再复制一个，选择"任意变形"工具后在其选项栏中选择"缩放"按钮，将下面的线条缩放成如图 2.44 所示。

4）使用"线条"工具，在旁边画一条直线，然后用"选择"工具选定该直线，将直线移向曲线上方进行封口，如图 2.45 所示，也可用键盘上的光标键移动直线。如果有超出部分，用选择工具选定后删除即可。

注意 ZHU YI

封口后应选择 中的 工具，单击图形以放大图形，查看线条间是否有缺口，若有缺口，如图2.46所示，用"选择"工具拖动线条以封口。有缺口时对底部填充颜色时将无法填充颜色。

图 2.46　没有完全封口

上述图形也可用椭圆工具画出椭圆，复制椭圆并缩小至合适大小后，将 2 个椭圆合并在一起，用直线工具画一直线，删除多余的线，如图 2.47 所示。

5）选择"颜料桶"工具，选择填充色填充西瓜的底部，填充时可选择"封闭中等空隙模式"。同样方法将西瓜上部填充为红色，如图 2.48 所示。

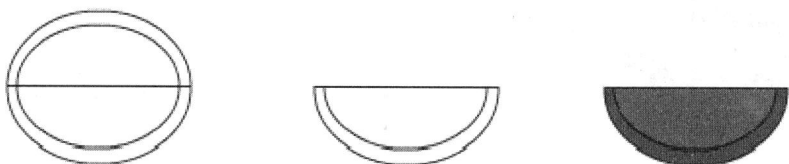

图 2.47　西瓜的另一种画法

6）放大图形，并使用"刷子"工具，选择刷子颜色和大小后，在西瓜上画出瓜子。如图 2.49 所示。

7）用"选择"工具选定整个图形后，单击"任意变形"工具的"旋转与倾斜"按钮，将图形稍旋转一些角度，最后删除多余的线条，即得到图 2.50。

图 2.48　填充颜色　　　　图 2.49　添加瓜子　　　　图 2.50　画好后的西瓜

知识三　　实例二：绘制牵牛花

操作步骤

1）选择工具箱中的"椭圆"工具，在混色器中设置填充的类型为"放射状"，选择渐变色，在工作区画一椭圆。选择"任意变形"工具中的"扭曲"按钮，对椭圆略微扭曲一下，再用"选择"工具稍做修改，再用"调整变形"工具对填充颜色进行修改，得到如图 2.51 所示的图形。调整时可将图形放大至 200％或更高百分比，以下的绘画都在 200％百分比下进行。

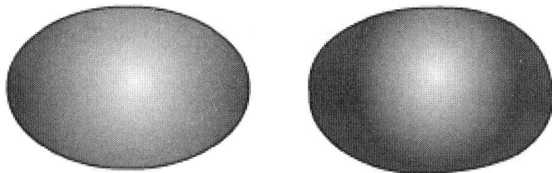

图 2.51　对椭圆稍作修改

2）用"线条"工具在椭圆的旁边画一直线，再用"选择"工具拖动线条，如实例一中的第 2 步，得到图 2.52。

3）用"钢笔"工具在曲线上增加节点，如图 2.53 所示。

4）用"部分选取"工具拖动最上面的两个节点，改变曲线形状，如图 2.54 所示。

图 2.52　在椭圆旁画曲线　　图 2.53　增加节点　　图 2.54　改变曲线形状

5）用"铅笔"工具画出完整的茎，可结合使用"直线"工具对图形进行修改操作。花茎画好后，选择"颜料桶"工具，设置填充色，填充类型为放射状，填充花茎，如图 2.55 所示。

图 2.55　画牵牛花的茎

6）在花朵旁边，用"椭圆"工具和"铅笔"工具画出牵牛花的花心，填充色为白色，将画好的花心用快捷键 Ctrl+G 组合起来，然后移动到花朵上，如图 2.56 所示。

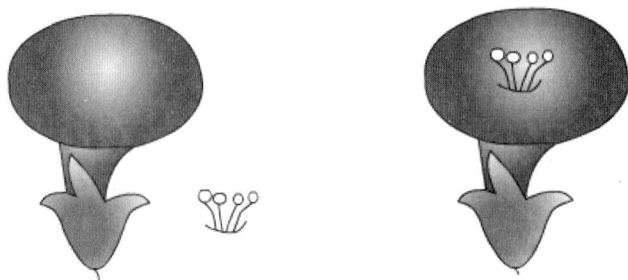

图 2.56　画上牵牛花的花心

7）用"刷子"工具在花朵上刷出些阴影，如图 2.57 所示。

8）选定整个花朵，按 Ctrl+C 键复制后再用 Ctrl+V 键粘贴，在原花朵的旁边再复制一朵，用"任意变形"工具将刚复制的花朵缩小一些，选定原来的花朵包括所有花茎，移到新复制的花朵上，如图 2.58 所示。

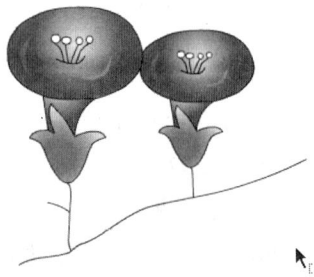

图 2.57　为牵牛花加些阴影　　图 2.58　复制产生第二朵花

9）在花朵旁边用"铅笔"工具画出叶子，用"钢笔"工具和"部分选取"工具修改图形，得到图 2.59 的效果。

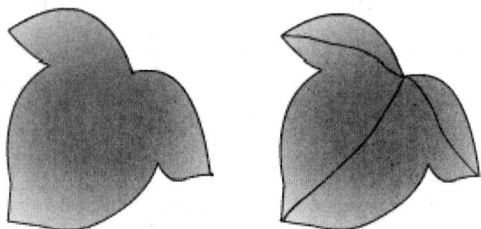

图 2.59 画叶子

10）选中整片叶子后，用 Ctrl+G 快捷键组合，用"任意变形"工具缩放至合适大小，复制、粘贴产生另 2 片叶子，用"任意变形"工具分别调整 3 片叶子的大小并略旋转后，将 3 片叶子分别放在花茎上，如图 2.60、图 2.61 所示。

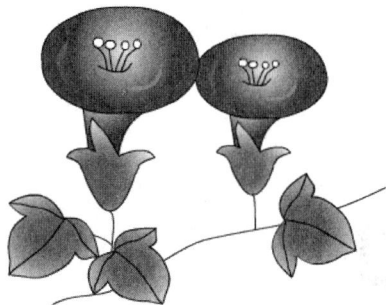

图 2.60 放大为 200％的效果图

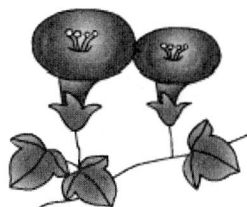

图 2.61 100％的效果图

习 题

一、填空题

1. "套索"工具有 3 个附属工具，分别是_____、_____、_____。

2. "橡皮擦"工具有 3 个附属工具，分别是_____、_____、_____。

3. 如果要对文字的局部进行变形，首先要_____文字，使其转换成_____，然后才可以对转换过的字符进行各种变形。

4. "刷子"工具有 5 种绘图模式，分别是_____、_____、_____、_____和_____。

二、选择题

1. Flash 8 中的文本类型下拉列表框中可设置的文本类型是（　　）。

　　A．静态文本、动态文本和输入文本　　　B．动态文本和输入文本

　　C．静态文本和动态文本　　　　　　　　D．静态文本和输入文本

2．（　　　）工具可以将对象按比例缩放，也可在水平方向及垂直方向分别放大或缩小。

  A．任意变形   B．填充变形   C．套索   D．选择

3．用部分选取工具拖曳角点时，按住(　　　)键，可将角点转换为曲点。

  A．Alt   B．Ctrl   C．Shift   D．Tab

4．下列（　　　）工具可用来画引导层中的引导线。

  A．钢笔   B．铅笔   C．刷子   D．直线

5．如果要同时选择对象的填充区和它的边框，可以（　　　）鼠标。

  A．单击   B．双击   C．拖曳   D．右击

6．用直线工具绘制垂直和水平的直线或 45°角的直线时，应同时按（　　　）键。

  A．Ctrl   B．Alt   C．Shift   D．Tab

7．当对某个物体的某个区域进行放大以利于编辑时，就使用（　　　）工具。

  A．   B．   C．   D．

三、上机操作题

绘制一个如图 2.62 所示的标志。

图 2.62　会标

项目三

逐帧动画

主要内容

◆ 逐帧动画的特点

◆ 三种帧的含义、区别与不同应用

◆ 逐帧动画的造型基础、制作步骤，并
深入了解逐帧动画的运动规律

学习目的

◆ 掌握逐帧动画的制作方法

◆ 了解逐帧动画的应用范围并制作相应
实例

任务一　逐帧动画概述

从这一章开始，我们将正式开始接触动画的制作。那么，到底什么是动画呢？你对动画了解多少呢？

所谓动画，是指利用人的视觉残留特性使连续播放的静态画面相互衔接形成的动态效果。计算机动画是由传统的卡通动画（cartoon）发展起来的。在早期 Walt Disney 的制作室，高级动画师设计卡通片中的关键画面，也就是下面我们将要讲到的"关键帧"，然后由助理动画师设计中间帧。随着技术的进步，计算机逐渐取代了助理动画师制作中间帧的工作，产生了所谓的计算机辅助动画（computer assisted animation）。

20 世纪 70 年代后期，随着计算机图形学和硬件技术的发展，计算机造型技术和真实感图形绘制技术得到了长足的进步，出现与卡通动画有质的区别的三维计算机动画。当然，在这里我们现在主要研究的是二维矢量动画，也就是通常所说的"平面动画"。

为了让我们对动画的理解更深入，同时让我们对 Flash 动画的不同制作方法有全面的了解，下面，我们将以"逐帧动画"为例，详细讲解传统动画的制作原理，并指导大家在实际应用中根据需要熟练使用逐帧动画的制作技术。

知识一　动画的分类与区别

在具体制作之前，我们首先要了解，Flash 动画在制作的过程中，根据不同的划分标准，可以将动画进行不同的分类。

根据动画效果的不同，可以将 Flash 动画分成形变动画、引导线（轨迹）动画、遮罩动画、旋转动画、光影动画等。

根据动画制作技术的不同，又可以将 Flash 动画分成两大类：逐帧动画与补间动画。其中，补间动画又可以分为形变动画与动作动画。

从制作技术与制作步骤的复杂角度看，逐帧动画的制作复杂程度最低，但制作花费的时间最长，工作量最大；而补间动画一般只需要重点制作动画片断的开始和结束内容，中间的动画过程可以由计算机自动产生，因而相对制作效率较高。从动画文件大小的角度看，由于逐帧动画会保存每个完整帧的值，因此逐帧动画的体积一般会比普通动画的体积大。

知识二　逐帧动画的概念与特点

那么，什么是逐帧动画呢？逐帧动画的特点又是什么呢？

在传统卡通动画的制作过程中，导演首先将剧本分成一个个分镜头，然后由高级动画师确定各分镜头的角色造型，并绘制出一些关键时刻各角色的造型。最后，助理动画师根据这些关键形状绘制出从一个关键形状到下一个关键形状的自然过渡，并完成填色及合成工作。

这个过程就是"逐帧动画"的制作过程，也可以称之为逐帧动画的制作原理。简单地讲，逐帧动画是更改每一帧中的舞台内容，将其连续排列在一起形成动画效果。它最适合于每一帧中的动画对象都在更改而不是仅仅简单地在舞台中移动的复杂动画。

在 Flash 动画制作的过程中，要创建逐帧动画，需要将每个帧都定义为关键帧，然后给每个帧创建不同的图像，每个新关键帧最初包含的内容和它前面的关键帧是一样的，因此可以递增修改动画中的帧。

知识三 相关的知识概念

1. 帧的概念与定义

与电影、电视一样，计算机动画中连续画面的基本单位为单幅静态画面，在图形学和动画中都称为一帧（frame）。根据 1927 年制定的工业标准，电影按每秒 24 帧的速度进行拍摄和播放。电视的播放速度与电影略有不同，为每秒钟 25 帧。而在我们现在的 Flash 动画制作的过程中，一般默认的动画播放速度是每秒 12 帧；当然，这个速度是可调的，根据你的需要进行播放速度的提高或降低。

2. 三种不同的帧

在逐帧动画中，涉及到时间轴上三种不同用途的时间帧，分别是关键帧、空白关键帧、普通帧，根据动画设计的不同需要，在不同的时间片上，应用不同的帧，如图 3.1 所示。

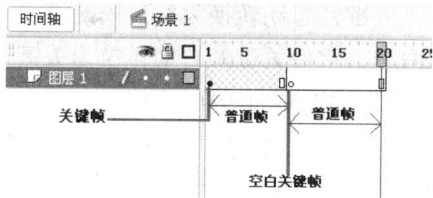

图 3.1 三种不同的帧

（1）关键帧

如图 3.1 所示，关键帧是 Flash 动画中最重要的帧，尤其是在补间动画，如形变动画、动作动画中，关键帧决定了动画过程的开始和结束。看到关键帧，就表示这个帧内有动画内容，而且在动画过程中起着关键作用。

插入方法：在时间轴上单击右键，选择"插入关键帧"即可。

（2）空白关键帧

首先它也是关键帧，在动画过程中也起着关键作用，但这个帧中没有动画内容，俗称"空帧"。一旦这个帧中放置了动画内容，则空白关键自动转换为关键帧；同理，如果将一个关键帧内的动画内容全部删除，则这个关键帧自动转换为空白关键帧。

因此，关键帧与空白关键帧的最大区别，就在于帧内是否有动画内容。

插入方法：在时间轴上单击右键，选择"插入空白关键帧"即可。

（3）普通帧

既然称为普通帧，也就是说，在动画过程中，这个帧并不起关键作用，只是用来继续显示左边离它最近的那个关键帧或空白关键帧的内容，延续动画的播放时间。

插入方法：在时间轴上单击右键，选择"插入帧"即可。

3．三种帧之间的关系

本动画共 20 帧，其中，第 1 帧是关键帧，因为该帧有动画内容；第 10 帧是空白关键帧，因为该帧是空的，没有动画内容；剩下的 18 个帧，都是普通帧，而其中的第 2～9 帧，用于显示第 1 关键帧的内容，延长该关键帧的显示时间，其中的第 11～20 帧，因为第 10 空白关键帧的原因，也都是空白显示。

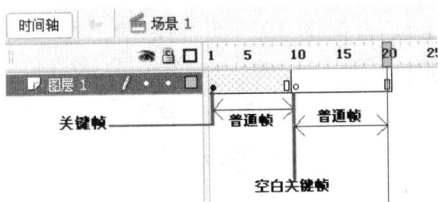

图 3.2　三种帧之间的关系

4．不同帧之间的转换

（1）关键帧与空白关键帧的转换

1）删除关键帧的内容，关键帧自动转换为空白关键帧。

2）给空白关键帧添加内容，空白关键帧自动转换为关键帧。

（2）普通帧与关键帧、空白关键帧的转换

根据左边最近的关键帧的性质，只要在时间轴上单击右键，选择对应的"转换为关键帧"或"转换为空白关键帧"即可。

知识四　逐帧动画中经常使用的工具

1）"橡皮擦"工具🖉：直接擦除多余的内容。

2）"选择"工具▶：选择部分对象，一般为规则区域，然后删除。

3）"套索"工具🔎：可以选择不规则的区域，然后删除。

任务二　实例一：写字效果

现在我们就开始进行第一个 Flash 逐帧动画的制作，通过亲自动手操作，来体会上面说到的一些知识和技巧，你准备好了吗？

知识一　效果说明

中国人注重书法，写字一向很讲究的，而且认为练习书法能锻炼人的意志、培养人的品性。在这个例子里，我们将按照写字的笔画顺序，逐步写出一个最简单而又意义深远的中文字"人"字，不错吧！

知识二　设计思路

知道"胸有成竹"什么意思吗？我们制作动画，也一定要事先有个大概的整体思路，然后才能动手一步步地操作，否则，后果不堪设想啊。

1）利用"文本"工具输入文本 **A**。

2）利用"任意变形"工具调整文字大小 ⊡。

3）利用菜单"修改"、"分离（Ctrl+B）"操作将文字分离成矢量图形。

4）利用"橡皮擦"工具擦除不需要的笔画 ⬭。

知识三　制作步骤

这可是我们第一个 Flash 动画作品哟，如果你什么都不会，或者到目前为止头脑还不算太清楚的话，一定要严格按照下面的步骤操作哟。一旦你操作失误，或者操作效果与给的例子不同，一定要及时回到上一步骤。

记得 Ctrl+Z 键这个操作吧，它能让你及时还原，不至于一错再错。

图 3.3　输入文字"人"

操作步骤

1）新建一个空白文档，设置场景大小为 250×250 像素，表示最后动画作品的界面为正方形，边长为 250 个像素。至于别的设置，就暂时不要修改了。

2）利用左边工具中的"文本"工具 **A** 在"图层 1"的场景中输入文字"人"，如图 3.3 所示。

3）可以通过图 3.4 的属性栏修改字体、字号、颜色等基本信息。

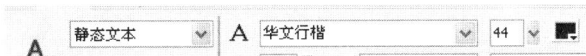

A	静态文本 ▾	A 华文行楷 ▾	44 ▾ ■

图 3.4　修改文字属性

4）利用工具中的"选择"工具 ▸ 选中刚才输入的文字，然后利用工作中的"任意变形"工具 ⊡，通过 8 个控制点将刚才输入的文字放大到合适大小，建议与场景的大小匹配，如图 3.5 所示。

5）单击菜单"修改"、"分离（Ctrl+B）"，将文字分离成矢量图形（表面出现很多小点）。

图 3.5　调整文字大小　　　　　　图 3.6　分离文字

6）按下键盘上的 F6 键，软件自动在"图层 1"的时间轴上增加一个新的关键帧，如图 3.7 所示。

7）利用左边工具中的"橡皮擦"工具 ，将场景中的文字擦除一小部分，如图 3.8 所示。

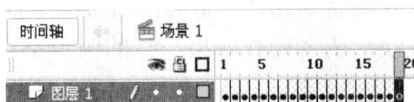

图 3.7　增加关键帧　　　　　　图 3.8　擦除部分文字

8）重复以上的第 6、7 步，依次擦除一小部分文字，直到全部擦除（本例共用 19 个关键帧）。

图 3.9　时间轴最终图示

注意 ZHU YI　由于最后第19帧将文字全部擦除，所以时间轴上该帧没有黑点，也就是上面我们提到的"空白关键帧"。

9）第18帧的内容如图3.10所示。

10）利用工具中的"选择"工具 全部选中时间轴上的全部帧，然后单击右键，在弹出的菜单中选择"翻转帧"，如图 3.11 所示。

图 3.10　第 18 帧的内容　　　　图 3.11　"翻转帧"操作

11）软件自动将 19 个帧的顺序完全翻转，如图 3.12 所示。

图 3.12　翻转之后的时间轴图示

12）单击菜单"控制"、"测试影片（Ctrl+Enter）"，测试影片。

13）确定无误后，保存文件，起名"写字效果"，产生 fla 的源文件，如图 3.13 所示。

14）然后重新单击菜单"控制"、"测试影片（Ctrl+Enter）"，测试影片，并自动产生 swf 文件，如图 3.14 所示。

图 3.13　源文件 　　　　图 3.14　动画文件

成功了吗？看到你第一个 Flash 动画作品了吗？如果你要把你的作品给别人欣赏，你现在只要把那个.swf 文件复制给别人就可以了，千万不要随便把你的动画源文件给别人，现在可是维护知识产权的年代了。

话说回来，你对第一个 Flash 动画作品满意吗？关键是，你能举一反三，利用这个原理，制作别的内容的写字效果动画了吗？

思考与尝试

1）如果写一个更复杂的文字，如"天"，该怎么做？

2）如果要写一个词组，如"天下无双"，又该如何实现？

任务三　实例二：打字效果

知识一　效果说明

写字是人做的事情，打字才是计算机的特长。接下来，我们这个例子将模拟显示器上显示键盘输入文字的效果。你准备好了吗？

知识二　设计思路

同样道理，制作之前，还是先要在自己的脑海里进行一下整体设计，而不是冲动地直接就动手做，明白吗？

1）利用"文本"工具 A 输入英文文本。

2）利用"任意变形"工具 囗 调整文字大小。

3）利用菜单"修改"、"分离（Ctrl+B）"操作将文字分离。

4）利用"选择"工具选择并删除不需要的字母。

知识三　制作步骤

操作步骤

1）新建一个空白文档，设置场景大小为 300×100，背景为黑色，帧频为 10 帧/秒（什么意思？就是每秒钟播放 10 个时间帧片的内容，这个速度比电影和电视慢，但在计算机上还是能清楚显示的），如图 3.15 所示。

大小：300 x 100 像素　背景：　帧频：10 fps

图 3.15　文档属性设置

2）修改"图层 1"名称为"字母"（这样以后看的时候就很清楚，尤其是图层多的时候，能从名称中辨别这个图层中有哪些内容，干什么用的。这可是个良好的习惯，要好好培养）。

3）利用"文本"工具 **A** 输入文字"Good Morning"，利用"任意变形"工具 调整文字大小与场景大小相适应，如图 3.16 所示。

4）单击菜单"修改"、"分离（Ctrl+B）"，将文字分离（分离一次，将英文单词分离成单独的字母；分离两次，将每个字母分离成矢量图形）。这里，我们只要分离一次即可，如图 3.17 所示。

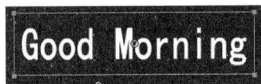

Good Morning

图 3.16　输入文字并调整大小与位置

Good Morning

图 3.17　分离成单独的字母

Good Mornin

图 3.18　删除最后一个字母

5）按下键盘上的 F6 键，软件自动在"字母"图层的时间轴上增加一个新的关键帧。利用"选择"工具 选择最后一个字母，然后删除，如图 3.18 所示。

6）重复步骤 5，每次删除最后的一个字母，直到所有的字母都删除，此时该帧为空白关键帧，时间轴如图 3.19 所示。

7）利用工具中的"选择"工具 全部选中时间轴上的全部帧，然后单击右键，在弹出的菜单中选择"翻转帧"，时间轴效果如图 3.20 所示。

时间轴	场景 1

图 3.19　时间轴设置

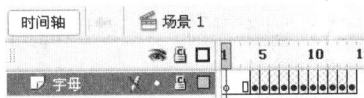

图 3.20　翻转后的时间轴设置

8）增加一个图层，修改名称为"指针"。

9）利用"线条"工具在"指针"图层的第 1 帧，绘制一条白色的短线，如图 3.21 所示。

10）在"指针"图层连续按下 F6 键 2 次，分别在该层的第 2、第 3 帧插入关键帧，将第 2 个关键帧转换为空白关键帧，如图 3.22 所示。

11）在"指针"图层第 4 帧插入关键帧，根据下层字母的位置，重新设置短线的显示位置，如图 3.23 所示。

12）重复第 11 步操作，在"指针"图层依次插入关键帧，并根据下层字母的位置调整短线的显示位置，直到所有字母都显示完全，如图 3.24 所示。

13）最后的时间轴如图 3.25 所示。

图 3.21　绘制短线　　图 3.22　转换为空白关键帧　　图 3.23　中间结果

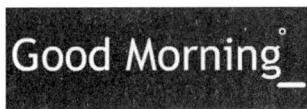

图 3.24　调整输入指针的位置　　图 3.25　时间轴的最终设置

14）单击菜单"控制"、"测试影片（Ctrl+Enter）"，测试影片，然后根据动画效果保存文件。

成功了吗？动画效果看上去是不是有点黑客在 DOS 下操作的味道？如果满意的话，再思考一下下面的问题。

思考与尝试

1）如果要实现一行文字的依次显示，还能有别的方法吗？
2）如果要产生从右往左的"删除"效果，该怎么修改与实现？

任务四　实例三：美丽图案

知识一　效果说明

动画不是光用来模拟写字或打字的，那多单调多没意思啊。这次，我们将制作一个多彩而有趣的动画，就是一个由多个简单图形组合的图案逐步消失的动画。

知识二 设计思路

先想好,整体设计思路是什么样的?

1)利用"椭圆"工具○绘制基本图案。

2)利用"颜料桶"工具配合"混色器面板"填充颜色,如图 3.26 所示。

3)基本图案制作成功后,建议用 Ctrl+G 键组合成一个对象。

4)利用"任意变形"工具改变对象的中心。

5)利用 Ctrl+T 键,调出"变形面板",进行重置操作,形成规则图案,如图 3.27 所示。

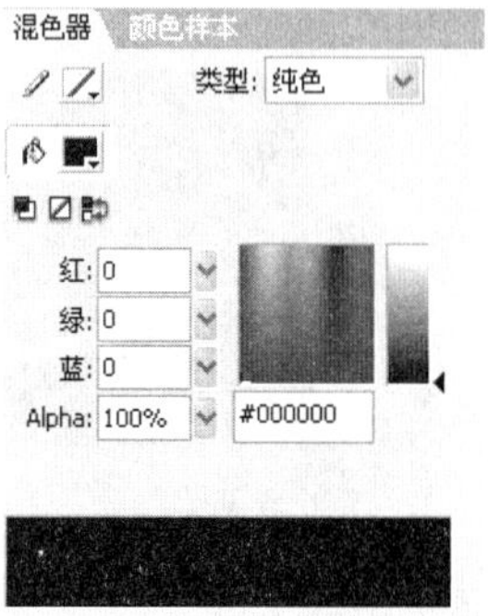

图 3.26 混色器面板 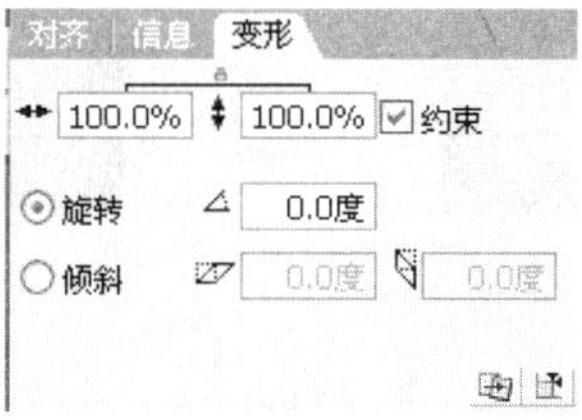   图 3.27 变形面板

知识三 制作步骤

操作步骤

1)新建一个空白文档,设置场景大小 300×300,修改背景颜色,以及帧频为 10 帧/秒,如图 3.28 所示。

图 3.28 文档属性设置

2)利用"椭圆"工具○绘制一个椭圆,如图 3.29 所示。

3)在"颜色"面板的"混色器"中,调制出如图 3.30 所示的"放射状"渐变色。

说到"混色器",我还得说说。这是个很常用的面板,根据不同的选项设置,能调出不同效果的颜色,正如"类型"中显示的一样,有纯色、线性、放射状、位图四种,你操作试试,看看有什么不同,然后我们简单说一下。

纯色,就是单一的颜色,红、黄、蓝,你选中什么颜色,就用这种颜色填充。

线性,就是两种以上线性渐变的颜色填充,如黑白渐变,就是用从黑渐变到白色的颜色填充,渐变的方向一般是从左往右渐变的。调制的时候,一般分别选取好开始和结束的颜色,中间的渐变色是由计算机自动计算出来的。例如,填充圆柱的内壁时,就用线性渐变的颜色,更有光学效果。

图 3.29 绘制椭圆 　　　图 3.30 混色器面板设置

　　放射状，就是从中间往外放射的效果颜色，其原理与灯泡发光是一样的。调制的方法与线性渐变是类似的，一般分别选取好中间和外围的颜色，其两色中的过渡则是由计算机自动计算的。例如，在填充灯光、星球时，就用放射状的颜色，更有真实感。

　　位图，则是用导入到文件中的图片或图像进行填充，根据填充区域与图片的大小，进行自动计算位图的个数。

　　4）利用"颜料桶"工具，给刚才的椭圆填充调制好的放射状渐变色，如图 3.31 所示。

　　5）选择刚才填充好的椭圆，利用"任意变形"工具修改对象的中心到椭圆的下方，如图 3.32 所示。

图 3.31 填充设置好的颜色

　　6）利用 Ctrl+T 键，调出"变形面板"，设置旋转角度为"30度"，如图 3.33 所示。

图 3.32 修改对象的中心位置 　　图 3.33 设置旋转的角度

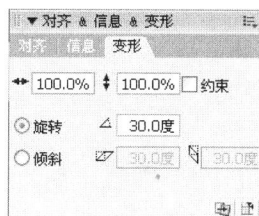

　　7）多次单击右下方的"重置"按钮，进行重置操作，直至最终形成规则图案，如图 3.34 所示。

　　注意　在进行"重置"操作前，一定要注意，不要对原始的对象进行缩放操作，否则，重置将按照缩放的尺寸进行等比例重制，导致最后形成的图案成递增或递减的效果。

建议按照原始大小进行重置，完成后整体进行缩放操作。

8）按下键盘上的 F6 键，在图层上插入关键帧。利用"选择"工具选择其中一个椭圆，并删除，如图 3.35 所示。

图 3.34　利用"复制"后形成效果图　　　图 3.35　删除动画最后显示的一个图案

9）重复以上步骤 8，依次删除一个椭圆，直到全部删除，如图 3.36、图 3.37 所示。

图 3.36　删除 2 个图案　　　　图 3.37　只剩下最后一个图案

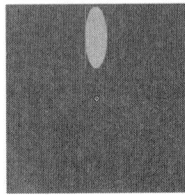

10）将第 2 个关键帧开始的所有帧，整体往后移动 4 帧的时间，用来显示完整图案，时间轴如图 3.38 所示。

图 3.38　当前的时间轴设置

11）单击菜单"控制"、"测试影片（Ctrl+Enter）"，测试影片，然后根据动画效果保存文件。

成功了吗？这个操作是不是比上面两个例子操作复杂一些？难度总是慢慢加大的，游戏难度不也是这么设置的吗？如果会做了，那么思考一下下面的问题吧，看你是不是真的会了。

思考与尝试

1）用不规则的图案代替上面的规则图案，效果会怎么样？
2）如果希望出现"雷达扫描"一样的效果，怎么实现？

任务五 实例四：砖体字

知识一 效果说明

继续，这个例子的难度将继续加大。这次，我们要用长城的城砖，逐渐垒起一个数字"0"或者字母"O"的图案，而且是用新的技术和方法。你准备好了吗？

知识二 设计思路

1）利用"矩形"工具、"颜料桶"工具、"任意变形"工具，共同绘制出砖头图案。

2）利用菜单"修改"、"排列"、"移到最底层"的功能，形成立体数字的效果。

知识三 制作步骤

操作步骤

1）新建一个文件，设置合适的背景色和场景的大小。

2）菜单"插入"、"新建元件"，制作一个"砖块"的图形元件。注意使用"任意变形"工具，如图 3.39、图 3.40 所示。

图 3.39 新建一个元件   图 3.40 在元件中绘制一个"砖头"的图形

3）返回场景，F11 打开图库，从图库中将元件拖入场景的第一帧。然后利用"复制"、"粘贴"组合成一个"0"的图形，如图 3.41 所示。

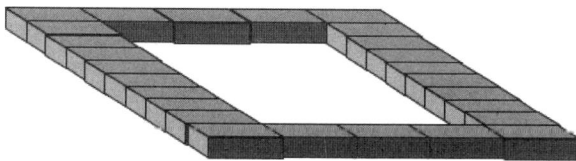

图 3.41 排列成一个图案

注意 为了突出立体效果，部分砖块需要使用"修改"、"排列"、"移到最底层"的功能。

在这里，我还要简单说一下"图库"的相关概念了。

图库，顾名思义，就是存放"图"的"仓库"。在 Flash 中，图库就是用来存放"元件"的仓库。"元件"的概念，将在以后的章节详细介绍，这里，我们主要告诉大家图库的作用和使用方法。

简单地说，就是以"元件"的方式先制作一个原始的动画对象，这个对象将自动存放在图库中。当需要使用的时候，可以直接从图库中拖入到场景，计算机自动产生一个该元件的对象实例，而且，这个对象实例可以自由添加，需要多少就拖入多少。如果一定要分辨清楚，还可以给每个对象实例添加名称。整个过程就如同父亲产生了很多多胞胎儿子一样，虽然模样一样，但名字是不同的。

图库的好处是，一旦你修改了图库中的元件对象的内容，场景中所有的实例对象将自动更新，不需要再为每个实例对象进行修改了。当然，这个原理就是"面向对象"的设计原理，到这里你明白了吗？

4）在图层 1 的第 2 帧处，按 F6 键，插入关键帧，然后删除某个部分的一个砖块，如图 3.42 所示。

5）在图层 1 的第 3 帧处，F6，插入关键帧，删除连续的一个砖块，如图 3.43 所示。

图 3.42　删除一块砖　　　　　图 3.43　继续删除一块砖

6）重复以上步骤多次，直到最后只剩下一个砖块，如图 3.44 所示。

7）选中该层的所有帧，然后单击菜单"修改"、"时间轴"、"翻转帧"，如图 3.45 所示。

8）在该层末尾的适当位置，按 F5 键，插入普通帧，让动画有个停留的时间。

图 3.44　剩下最后一块砖　　　　　图 3.45　当前的时间轴设置

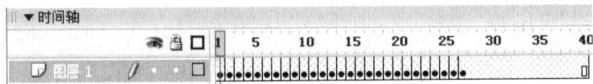

9）测试动画，然后保存文件。

这个效果的动画制作成功了吗？为了检查你是否掌握了本例子中提到的"图库"的概念，你思考一下以下几个问题吧。

思考与尝试

1）如果对象不是"砖头"，换成"奶酪"、"奶瓶"，会有什么不同的效果？

2）如果原始的对象"砖头"是动态的，整个动画效果又会怎么样哪？

任务六 实例五：倒计时扫描

知识一 效果说明

最后，我们制作一个复杂的例子，模仿雷达扫描的效果，进行倒计时。

知识二 设计思路

1）应用"遮罩效果"，实现雷达扫描的效果。
2）扫描的区域必须完全相同，相互之间没有缝隙。

知识三 准备要求

1）对 Flash 软件界面非常熟悉，并且操作很熟练。
2）已经掌握了"遮罩效果"的动画原理、制作方法和技巧。
3）如果不具备以上条件，请先参看后文的相关基本信息。

知识四 制作步骤

操作步骤

1）新建一个文件，设置合适的背景色和场景的大小。
2）在"图层 1"中绘制如图所示的图形，注意与舞台中心重合（Ctrl+K），如图 3.46
所示。

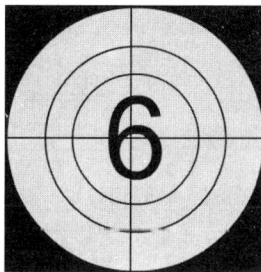

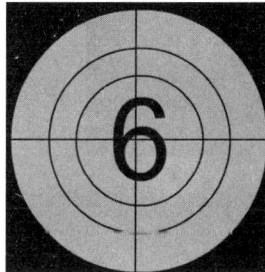

图 3.46 同心圆绘制   图 3.47 复制对象，并粘贴，修改填充颜色

3）增加一个"图层 2"，将"图层 1"的第 1 帧复制到该层的第 1 帧，如图 3.47 所示。
4）增加一个"图层 3"，绘制一个三角形，按 Ctrl+G 键组合成一个图形，如图 3.48
所示。

图 3.48 绘制扫描形状   图 3.49 中心位置调整

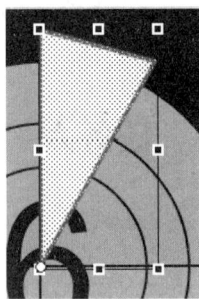

5）利用"任意形变"工具将三角形的中心移动到与圆形重合，如图 3.49 所示。

6）按 Ctrl+T 键，旋转 30°，复制并应用，直到形成一个圆，如图 3.50、图 3.51 所示。

7）按下 F6 键，然后删除一个三角形，如图 3.52 所示。

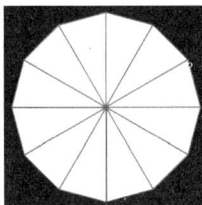

图 3.50 对象重制   图 3.51 重制结果   图 3.52 删除最后一个对象

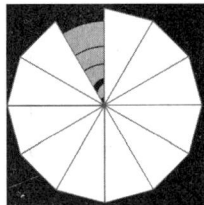

8）重复以上步骤，直到只剩下一个三角形，如图 3.53 所示

9）选中该层的所有帧，然后单击菜单"修改"、"时间轴"、"翻转帧"。

10）在图层 2、图层 1 的相应最后位置，插入普通帧。

11）选中"图层 3"，单击右键，对"图层 2"形成遮罩。

图 3.53 显示的第一个对象   图 3.54 时间轴设置

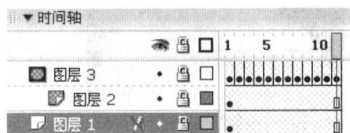

12）单击菜单"插入"、"场景"，新增一个"场景 2"，然后把"场景 1"中的所有帧复制到"场景 2"中。

13）修改"场景 2"中的数字为"5"。

14）单击菜单"插入"、"场景"，新增一个"场景 3"，然后把"场景 1"中的所有帧复制到"场景 3"中。

15）修改"场景 3"中的数字为"4"。

16）重复以上操作，直到修改"场景6"中的数字为"1"。

17）测试动画，并保存文件。

思考与提示

1）其实，这个动画效果其实是两个动画效果的组合："遮罩效果"动画和普通的"数字倒计时"动画。

2）只要你会做基本的动画效果，然后加上不同的动画效果，就能产生不同的整体效果。

小 结

逐帧动画的制作原理和步骤，其实就是传统卡通动画的制作原理和步骤，主要侧重于每一个关键帧的内容设计。为了提高逐帧动画的流畅性，增加动画对象的细腻感，一般都要求逐帧动画的相邻关键帧之间差别较小，只进行局部变化。逐帧动画，最忌讳的就是关键帧之间跨度太大，虽然节省了时间和精力，但会严重影响动画的质量，因此，制作逐帧动画，一定要投入较多的时间和精力，进行细节上的考虑，认真细心才能做出效果上佳的作品。

习 题

一、填空题

1. Flash动画大体分为两种主要形式，_____动画和_____动画，其中，模拟手写过程的写字效果动画属于_____动画，探照灯效果的动画属于_____动画。

2. 调整动画对象出现的先后，是通过调整_____实现的；调整对象的前后关系是通过调整_____实现的。

3. 插入一个关键帧的快捷键是_____，将一个对象转换成元件的快捷键是_____，打开图库的快捷键是_____，排列对齐的快捷键是_____。

二、上机操作题

1. 根据自己的喜好与想象力，制作一个猪八戒逐渐显示的动画。

2. 根据自己的能力，设计一个火箭倒计时并发射的效果动画。

项目八

形变动画

主要内容

- ◆ 形变动画的特点
- ◆ 几何变形、字体形变及打散
- ◆ 形变动画的制作方法与一般步骤

学习目的

- ◆ 掌握形状渐变动画的创建方法
- ◆ 理解形变动画的运动原理

任务一　动画的基本类型

在项目三，我们已经知道 Flash 动画一般分为逐帧动画和补间动画两种类型。补间动画又分为形状补间动画和动作补间动画两种类型。制作补间动画时，用户只需要为动画的第一个关键帧和最后一个关键帧创建内容，在两个关键帧之间的帧内容会由 Flash 自动生成。

由于动画的生成原理和制作方法不相同，因此动画的表示方法也不相同，不同的动画对应帧的表示方式如下：

1）形状补间动画：关键帧之间用浅绿色背景的黑色箭头表示，如图 4.1 所示。

2）动作补间动画：关键帧之间用浅蓝色背景的黑色箭头表示，如图 4.2 所示。

3）未产生动画：是指两个关键帧之间的动画没有创建成功，或在创建动画时操作错误。两个关键帧之间是由虚线连接起来的，如图 4.3 所示。

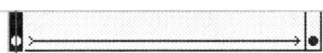

图 4.1　形状补间动画 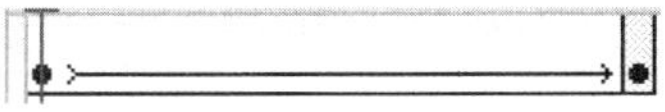　　　图 4.2　动作补间动画 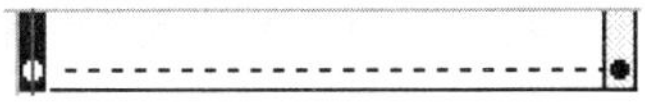　　　图 4.3　未产生动画

4）含动作的动画：如果为一个关键帧添加了 Action 语句，则这个关键帧上就会出现小写的"a"符号，如图 4.4 所示。Action 语句的使用将在后面的章节的详细讲解，这里不再赘述。

5）含帧标签的动画：为一个关键帧命名、加标签或进行注释后，关键帧上有小红旗标志，且还有文字标注，如图 4.5 所示。

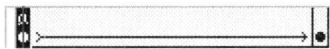

图 4.4　含动作的动画　　　　　图 4.5　含帧标签的动画

任务二　形状补间动画的制作

所谓形状补间，就是创建对象的变形动画，使某种形状的对象逐渐地变形成为另一种形状。形变的对象不能是元件、组或者直接导入的位图图像等，而必须是打散的图形。形变动画一般用于两个完全不相关的对象之间的变化过程。

在制作实例之前，我们先来熟悉一下 Flash 中"属性"面板，如图 4.6 所示。了解一下其中各项的功能。

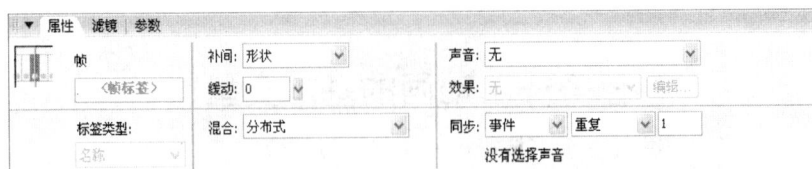

图 4.6　Flash 属性面板

1）帧：用于输入帧的标签名称。

2）"补间"下拉列表框：用于设定补间模式，各选项含义如下：

动作：用于创建动作补间动画。

形状：用于创建形状补间动画。

无：表示不创建动画。

3）缓动：用于设定对象在变化运动过程中是减速还是加速。单击右侧的按钮，从弹出的滚动条中拖动滑块可设置速度的快慢。正数表示对象运动由快到慢，做减速运动，右侧显示"输出"；负数表示对象运动由慢到快，做加速运动，右侧显示"输入"；默认值为 0，表示对象做匀速运动。

4）"混合"下拉列表框：用于设置中间帧形状变化过渡的模式，其中包括"分布式"和"角形"两项。

分布式：使中间帧的形状变化过渡得更加自然。

角形：使中间帧的形状变化保持关键帧上图形的棱角。此模式可用于有尖锐棱角的图形变换，如果图形没有尖角，Flash 会自动将此模式设为分布式模式。

任务三　制作普通的变形动画

下面先来制作普通的形状补间动画，来熟悉变形动画的制作过程。

【例 4.1】　制作一个圆形变成文字"圆"的形状补间动画。

操作步骤

1）新建一个 Flash 文档，选择椭圆工具，在场景中第一帧画一个圆形，如图 4.7 所示。

2）在第 30 帧插入空白关键帧（或 F7 键），选择文字工具，在场景中输入"圆"字，选择"修改"、"分离"命令（或 Ctrl+B 键）把文字打散，如图 4.8 所示。

图 4.7　图形"圆"

图 4.8　打散后的文字"圆"

3）选择第 1 帧，在"属性"面板的"补间"下拉列表框中选择"形状"选项，其他设置如图 4.9 所示。这时在第 1 帧和第 40 帧之间出现绿色背景的箭头，表示已在它们之间创建了形状补间动画。

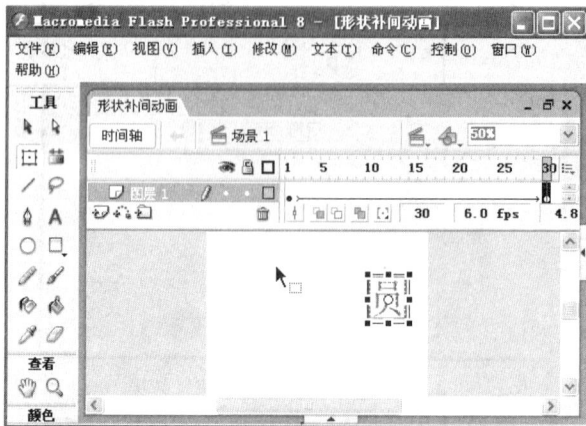

图 4.9　形状补间动画过程

4）按 Ctrl＋Enter 键测试动画，即可看到整个变形动画的过程，如图 4.10 所示。

图 4.10　形状动画变形过程

任务四　"绘图纸外观"技术的使用

通常，在 Flash 的舞台中，同一时间内只能显示动画序列中的一帧。为了帮助定位和编辑动画，可能需要同时查看多帧。"绘图纸外观"就是允许同时查看多帧的技术，它可以使每一帧像只隔着一层透明纸一样相互层叠显示。因此，"绘图纸外观"效果又被俗称为"洋葱皮"效果。如果此时时间轴窗口中的播放头位于某个关键帧的位置，则该帧将以正常颜色显示，而其他帧将以暗色显示。

要想在舞台上同时查看动画中的若干帧，可单击时间轴下方的"绘图纸外观"按钮。此时所有在"时间轴"控制面板中，位于绘图纸外观开始标记和绘图纸结束标记之间的帧都将显示在舞台中，如图 4.11 所示。

要改变绘图纸外观开始标记和结束标记的位置，直接单击该标记并左右拖动，如图 4.12 所示。

要以轮廓方式同时显示多帧，单击"绘图纸外观轮廓"按钮，此时画面如图 4.13 所示。

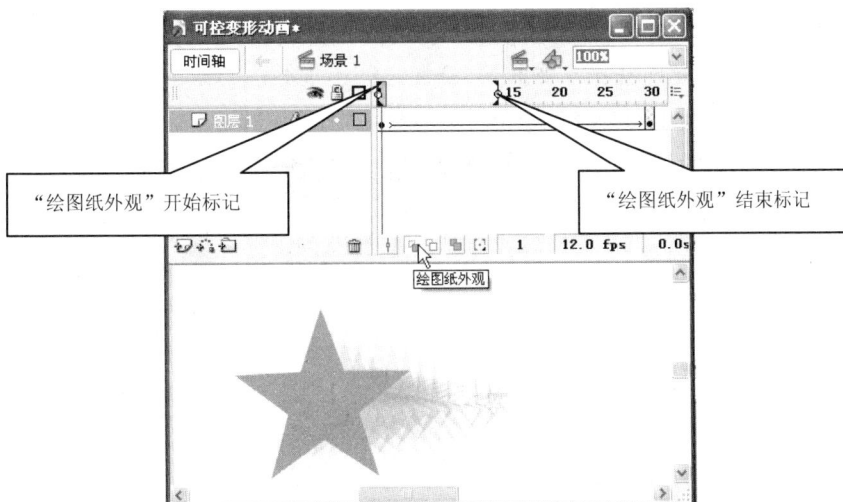

"绘图纸外观"开始标记

"绘图纸外观"结束标记

图 4.11 使用"绘图纸外观"效果

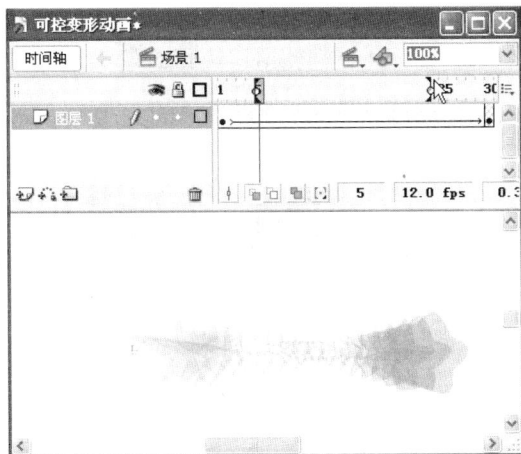

图 4.12 移动绘图纸外观标记后的效果

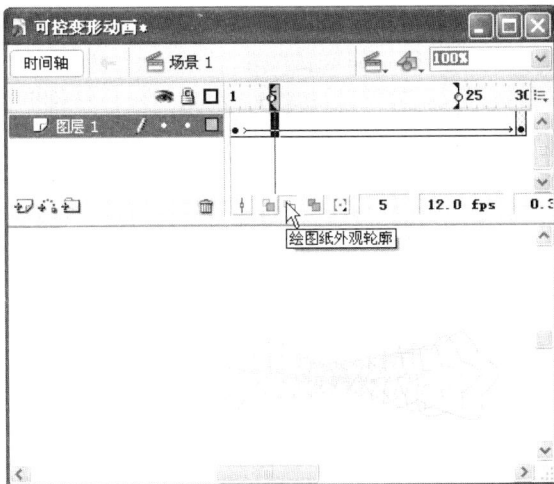

图 4.13 以轮廓方式显示效果

要同时编辑多帧，可在"时间轴"控制面板中单击"编辑多个帧"按钮，如图4.14所示。

此外，要改变绘图纸外观标记的显示，可单击"修改绘图纸标记"按钮，并从菜单中选择所需选项，如图4.15所示。这些选项的意义如下：

1）总是显示标记：无论绘图纸外观打开与否，都在"时间轴"控制面板中显示绘图板外观标记。

2）锚定绘图纸：通常情况下，绘图纸外观区域是随着播放指针位置的改变而变化的。选中此项之后，无论播放头位置如何改变，绘图纸外观区域始终不变。

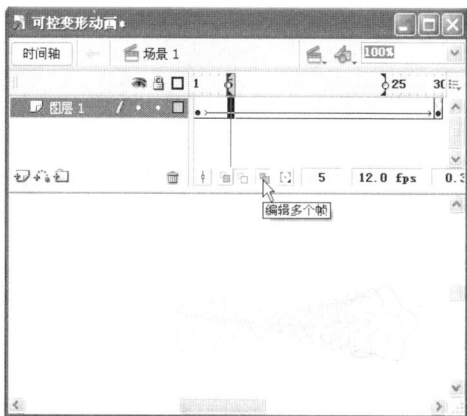

图4.14　打开编辑多帧模式　　　　　图4.15　修改绘图纸外观标记

3）绘图纸2：在当前帧左右两边各显示2帧。

4）绘图纸5：在当前帧左右两边各显示5帧。

5）绘制全部：显示当前帧左右两边的所有帧。

前面，我们一起学习了形状动画的制作原理及"绘图纸外观"技术的应用，下面我们一起来运用形状补间动画的基本原理，制作一个"蜡烛"动画。

【例4.2】　"蜡烛火焰"动画。

我们通过观察可以看出，这一动画至少需要三个图层：火焰层、蜡烛层和光阴层来构成，并且火焰层的火焰在微微的摆动，如图4.16所示，下面我们一起来完成这一过程。

图4.16　"蜡烛火焰"动画效果

1）新建一个Flash文档，将图层1改名为"火焰层"，在第1帧画一个填充色为"淡黄色"的椭圆，如图4.17所示。

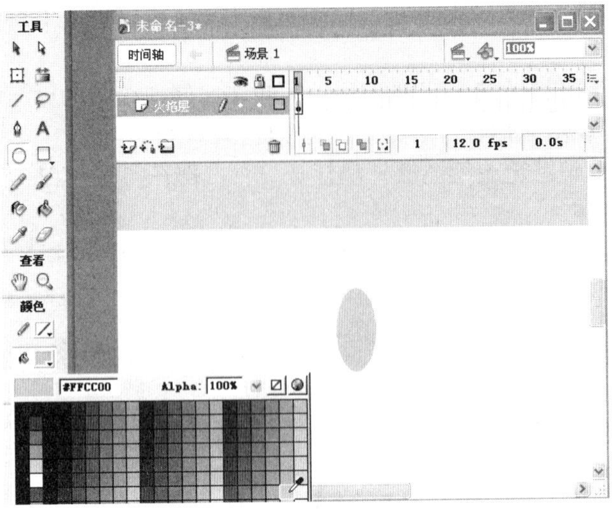

图 4.17　淡黄色椭圆

2）使用"选择"工具，对椭圆的上下端进行适当的调整，外层火焰就做好了。效果如图 4.18 所示。

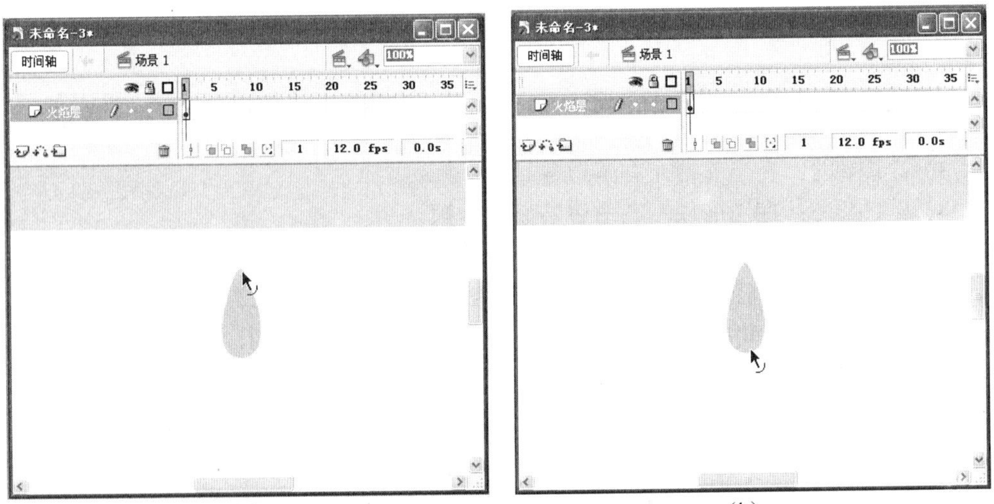

（a）　　　　　　　　　　　　　　　　　　　（b）

图 4.18　对椭圆上下端进行调整

3）选取外层火焰，复制，粘贴一个放在旁边，填充桔黄色，适当缩小一些，作为中间层火焰，效果如图 4.19 所示。

4）用类似的方法，选择火红色，做好内层火焰，火焰效果完成了，效果如图 4.20 所示。

5）我们分别在"火焰层"的第 10 帧、第 15 帧，插入关键帧，这时第 1、10、15 帧都是相同的火焰效果，如图 4.21 所示。

6）为了能使火焰能够动起来，我们选择"火焰层"的第 10 帧，使用"选择"工具对火焰形状进行适当的调整。为了操作方便，我们可以把显示比例放大一些，效果如

图 4.22 所示。

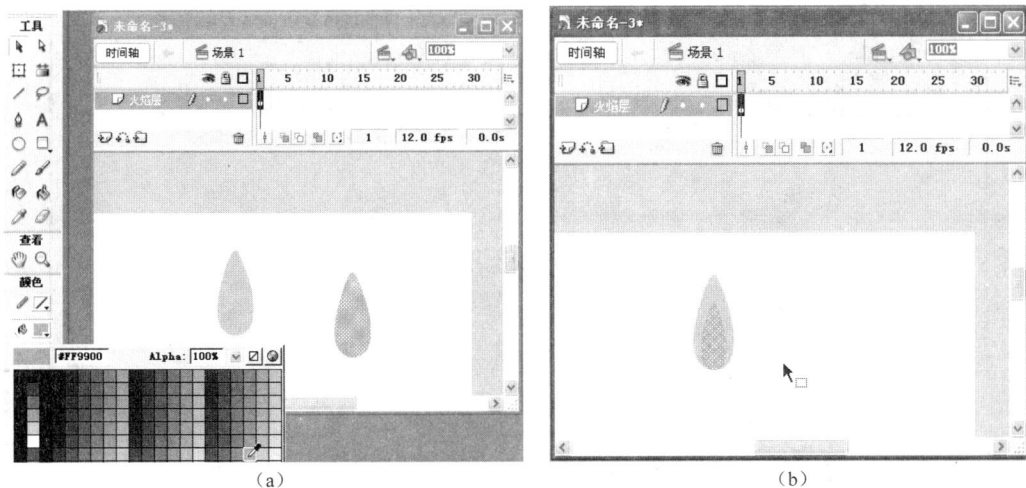

（a）　　　　　　　　　　　　　　　　（b）

图 4.19　做中间层火焰

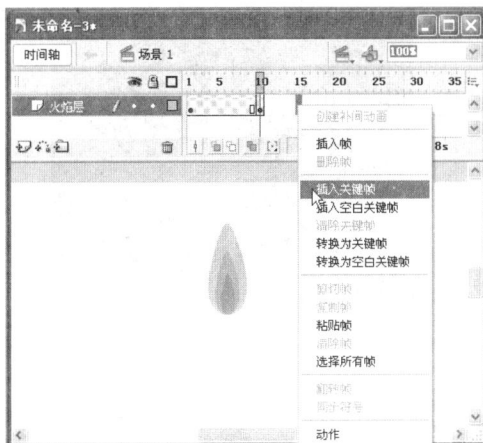

图 4.20　火焰效果图　　　　　　　图 4.21　插入三个关键帧

7）下面分别选择对两个区域进行形状补间，火焰动画的效果就完成了，如图 4.22 所示。

为什么我们要把第 1 帧和第 15 帧的内容做成相同的呢？其实，我们在做动画效果时，为了避免画面的闪动，一般都将动画的第一帧和最后一帧做成相同的内容。

现在按 Ctrl+Enter 键测试一下，火焰的动画效果实现了。

8）为了做出整体效果，我们再新建一个图层，命名为"蜡烛层"，使用黑白线性填充效果在场景上画一个矩形，使用"填充变形"工具调整线性渐变的方向。为了使效果明显一些，可以将场景颜色改为黑色，效果如图 4.23 所示。

9）为了使蜡烛效果更形象一些，我们可以对蜡烛顶端进行一定的变形，效果如图 4.24 所示。当然，也可以画点烛油。

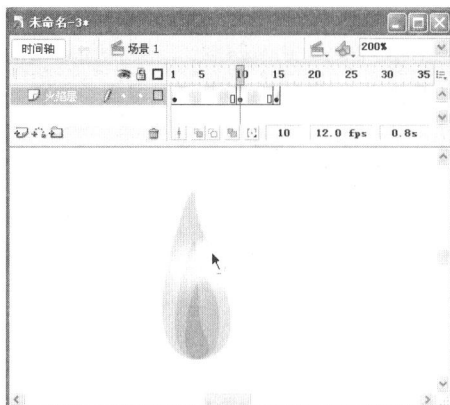

图 4.22　对火焰形状进行调整

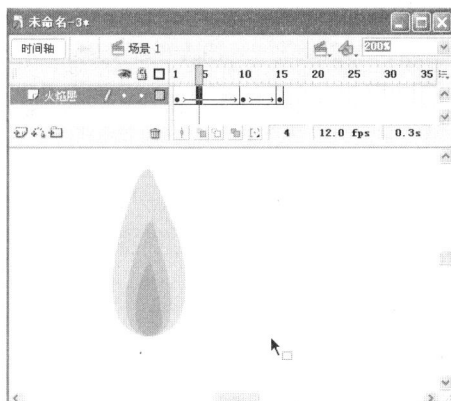

图 4.23　补间后的效果

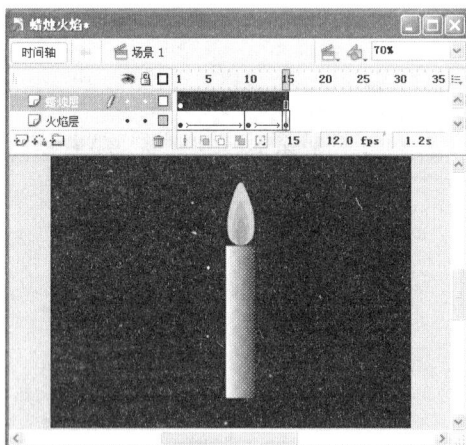

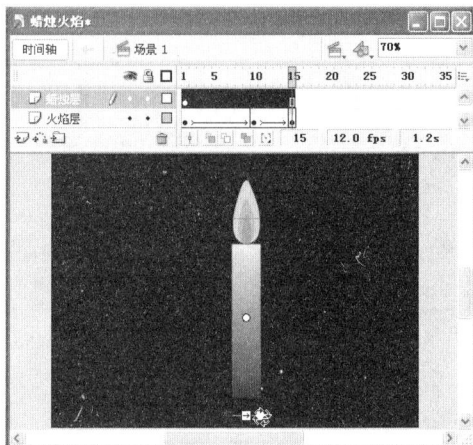

图 4.24　蜡烛层的效果

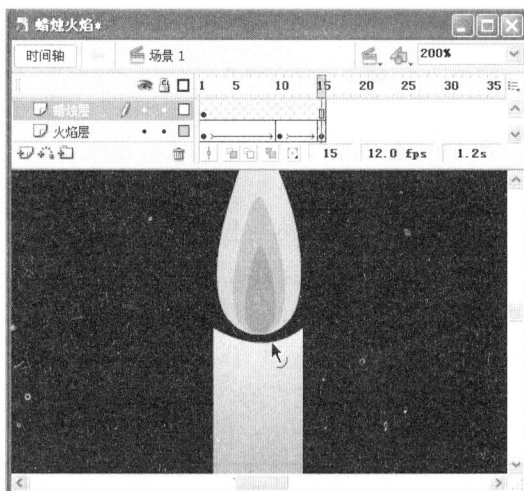

图 4.25　处理后的蜡烛效果

10）同样，我们可以再加上一个"光阴层"，最后完成"蜡烛火焰"动画效果，如图 4.26 所示。

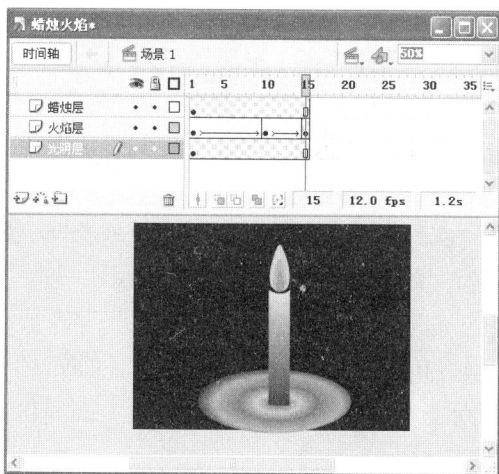

图 4.26　蜡烛火焰动画效果

如果还想把效果做得生动一些，我们还可以给蜡烛加上光晕，并且让光晕和光阴随着火焰的运动也一起运动。怎么样，去试试吧！

任务五　制作可控的变形动画

简单的变形有时不能满足复杂的变形过程，这时可通过可控变形来控制变形动画，可控的变形动画是指通过 Flash 中的形状提示来控制初始图形与最终图形之间的变化过程，使图形的变形有规律。通过形状提示可以控制图形之间相对应位置的变形，以制作出不同的变形效果。

形状提示是由实心小圆圈和英文字母组成，英文字母表明物体的部位名称。起始关键帧上的形状提示是黄色的，结束关键帧的形状提示是绿色的，当不在一条曲线上时为红色。

要查看形状提示时，只需要选择"视图"、"显示形状提示"命令即可。只有包含形状提示的层和关键帧处于活动状态下，"显示形状提示"命令才可用。如果不需要形状提示可以将形状提示拖到画面以外的任何地方，或在形状提示上单击鼠标右键，在弹出的快捷菜单中选择"删除提示"命令即可。

【例 4.3】　制作一个五角星变成圆形的可控变形动画，效果如图 4.27 所示。

图 4.27　可控变形动画效果

操作步骤

1）新建一个 Flash 文档，选择"多角星形"工具 ◎，在第一帧中绘制出一个蓝色的五角星，如图 4.28 所示。

2）在第 30 帧插入空白关键帧，选择"椭圆"工具 ○，在该帧画一个桔黄色圆形，如图 4.29 所示。

3）选择第 1 帧，在"属性"面板的"补间"下拉列表框中选择"形状"选项，在第 1 帧和第 30 帧之间创建形状补间动画，如图 4.30 所示。

4）选中第 1 帧中的五角星，选择"修改"、"形状"、"添加形状提示"命令，或按 Shift+Ctrl+H 键，可以看到五角星的中心出现一个显示有英文字母"a"的红色圆圈，即为形状提示，如图 4.31 所示。

图 4.28　淡蓝色的五角星　　　　图 4.29　桔黄色的圆

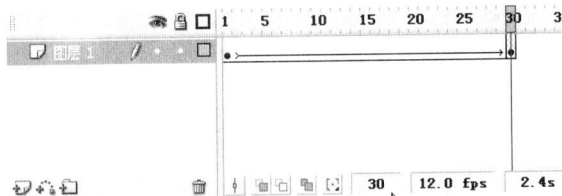

图 4.30　补间后效果

5）将鼠标光标移动到形状提示上，鼠标光标变为 ⌖ 形状。按住鼠标左键，可以将形状提示移动到图形上的任意的位置，如图 4.32 所示。

图 4.31　添加形状提示后　　　　图 4.32　形状提示移到五角星上

6）选择第 30 帧，圆形上也出现一个对应的形状提示，将形状提示移动到圆形的下方边缘，这时红色的形状提示变为绿色，如图 4.33 所示。

图 4.33 将形状提示移到圆上的相应位置

7）选择第 1 帧，用同样的方法为五角星添加其他 4 个形状提示，并拖动到相应的位置，如图 4.34 所示。

8）单击第 30 帧，将圆形中的形状提示拖动到图形的相应位置，如图 4.35 所示。

图 4.34 添加完形状提示后第 1 帧的效果　　图 4.35 第 30 帧形状提示放置完后的效果

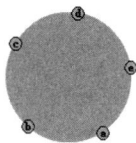

9）按 Ctrl＋Enter 键测试动画，即可看到五角星变化成圆形的动画，动画效果如图 4.36 所示。

图 4.36 可控变形动画效果

以上就是我们两种形状补间动画的制作过程。

其实，在实际应用中，形状补间动画的应用远远没有动作补间动画来得广泛。形状动画主要用于两个不相关对象的演变过程。如果我们需要由一个对象通过自身的变化来进行表演，我们就要使用动作动画了。一般动作动画都会涉及到演员，该演员称为元件。由元件驱动的动画，即动作补间动画。我们将在下一章，重点讲解动作补间动画的原理及应用。

习　　题

一、选择题

1. 在帧上做形状补间动画后，中间帧的颜色应为（　　　　）。
   A. 黑色　　　B. 淡紫色　　　　C. 白色　　　D. 淡绿色

2．如果想在时间轴上插入空白关键帧应该用（　　　）。

    A．F5　　　　　B．F6　　　　　C．F7　　　　D．Ctrl+F6

3．执行"修改/形状/添加形状提示"菜单命令，该帧的形状上就会增加一个带字母的绿色圆圈（　　　）。

    A．正确　　　　　　　　　B．错误

4．手绘的图形可以用来制作形状补间动画，同样用文本工具输入的文字也可以直接制作形状补间动画（　　　）。

    A．正确　　　　　　　　　B．错误

二、上机操作题

根据所学的关于形状补间的知识，想一想，生活中的哪些动画过程可以用形状补间来实现，并尝试操作。

项目五

运动、轨迹动画

主要内容

- ◆ 元件的创建及使用
- ◆ 运动动画、轨迹动画的特点
- ◆ 引导层的作用及其创建方法
- ◆ 运动动画、轨迹动画的制作方法及一般步骤

学习目的

- ◆ 掌握定义、编辑与调用元件的方法，修改元件属性
- ◆ 熟练掌握动作动画与轨迹动画的制作步骤
- ◆ 理解运动动画与轨迹动画的运动原理

任务一　元件的创建

在制作 Flash 动画过程中，经常会重复使用一些相同的素材和动画片段。如果总是重复地制作相同的动画和素材，不但会降低工作效率，还会使动画的数据过大，在浏览和上传时容易造成速度过慢等问题。下面我们就一起来学习元件的概念、类型和创建方法。

知识一　元件的概述和类型

元件实际上就是一个小动画的片段，它是可以在整个文档或其他文档中重复使用的一个小部件，并可以独立于主动画进行播放。

元件是构成动画的基础，可以重复使用，不必反复制作相同的对象。每个元件都有一个单独的时间轴、舞台和图层。Flash 中的元件包括 3 种类型：图形元件、影片剪辑和按钮元件。

1. 图形元件

图形元件是制作动画的基本元素之一，用于创建可反复使用的图形或连接到主时间轴的动画片段，它可以是静止的图片，也可以是由多个帧组成的动画。

2. 影片剪辑元件

影片剪辑元件是动画的一个组成部分，使用影片剪辑元件能创建可重复使用的动画片段，并可独立播放。我们可以将影片剪辑元件看作是主时间内嵌入的时间轴，它们可以包含交互组件、图形、声音或其他影片剪辑实例。当播放主动画时，影片剪辑元件也在循环播放。

3. 按钮元件

按钮元件用于创建动画的交互控制，并响应鼠标事件，如滑过、按下或其他动作。按钮元件包括"弹起"、"指针经过"、"按下"和"点击"4 种状态，在按钮元件的不同状态上创建不同的内容，可以使按钮对鼠标操作进行相应的响应。也可以给按钮添加事件的交互动作，使按钮具有交互功能，还可以定义与各种按钮状态关联的图形，然后将动作指定给按钮。

知识二　元件的创建

创建元件时，应先选择要创建的元件类型，但不同类型的元件的创建方法基本是相同的。

创建元件的方法主要有 2 种：

1）选择"插入"、"新建元件"命令（或 Ctrl+F8 键），打开"创建新元件"对话框，如图 5.1 所示。在"名称"文本框中为元件命名，在"行为"栏中选择元件类型，单击

"确定"按钮即可新建一个空白元件，然后在元件编辑区中创建元件内容。

2）选中需要转换成元件的对象，按F8键在打开的"转换为符号"对话框中将场景中的对象转换成元件，如图5.2所示。

图 5.1　"创建新元件"对话框　　图 5.2　"转换为符号"对话框

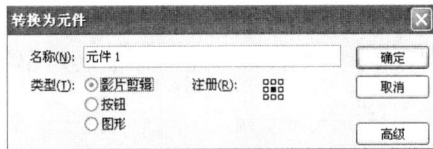

以上是元件创建的一般方法，具体的元件创建，将在后面的实例中进一步讲解。

任务二　动作补间动画的制作

创建动作补间动画的方法有以下两种：

方法一：选择要创建动作补间动画的关键帧，在"属性"面板的 补间：无 下拉列表框中选择"动作"选项。

方法二：选择要创建动作补间动画的关键帧，单击鼠标右键，在弹出的快捷菜单中选择"创建补间动画"命令。

动作补间动画的"属性"面板与形状补间动画的"属性"面板类似，下面就动作补间动画所特有的选项功能介绍如下，如图5.3所示。

图 5.3　动作补间的属性对话框

1）"旋转"下拉列表框：用于设定物体的旋转运动。

无：对象不旋转。

自动：对象以最小的角度进行旋转，直到终点位置。

顺时针：可以设定对象沿顺时针方向旋转到终点位置，在其后的"次"文本框中可输入旋转次数，输入"0"表示不旋转。

逆时针：可以设定对象沿逆时针方向旋转到终点位置，在其后的"次"文本框中可输入旋转次数，输入"0"表示不旋转。

2）□调整到路径 复选框：选中该复选框使对象沿设定的路径运动，并随着路径的改变而相应地改变角度。

3）☑同步 复选框：选中该复选框使动画在场景中首尾连续地循环播放。

4）☑对齐 复选框：选中该复选框使对象沿路径运动时自动捕捉路径。

任务三　应用举例

【例 5.1】　下面以一个不断旋转风车的动画为例，介绍创建元件和动作补间动画的方法。

操作步骤

第 1 步：将风车做成"图形元件"。

1）新建一个 Flash 文档，设置场景的大小为 400×300 像素，背景为淡蓝色。

2）选择"文件"、"导入"、"导入到库"命令，导入"风车"图片。

按 Ctrl+L 键打开库，发现导入的"风车"图片是一张有白底色的位图文件，这在我们制作动画时是不适合的。

3）选择"插入"、"新建元件"命令，创建一个名为"风车"的图形元件。

4）将"风车"位图导入到元件"风车"元件中，去掉"风车"的白底色。

① 在元件编辑状态，选中"风车"图片，在右击菜单中选择"分离"命令，把位图打散，如图 5.4 所示。

图 5.4　将风车图形导入库中进行分离

② 选择"套索"工具，单击"魔术棒"按钮，再单击"魔术棒属性"按钮，打开"魔术棒设置"对话框，在阈值(T): 5 文本框中输入色彩选择的范围，如输入"5"，

因为风车的底色是纯白，所以该值可以设小一些。在 平滑(S): [像素] 下拉列表框下中选择"像素"选项，单击确定。

③ 这时将鼠标指针移到风车的白底区域单击，鼠标变成魔术棒形状，再在白色区域单击，选取白色区域，按 Delete 键，白色区域被去除掉了，如图 5.5 所示。

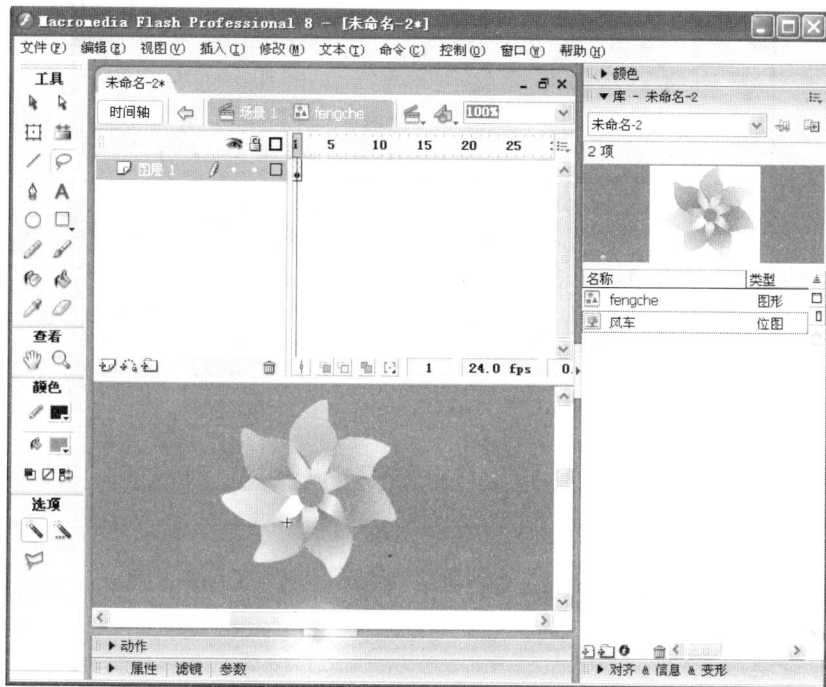

图 5.5　去除背景后的风车

④ 按 Ctrl+K 键打开"对齐"面板，单击选中风车，在"对齐"面板选择"对齐"、"相对舞台分布"、"水平中齐"、"垂直中齐"命令，使风车居中放置，如图 5.6 所示。

第 2 步：将风车导入场景进行动作补间的设置。

1）切换到场景 1，选择图层 1 的第 1 帧，将"风车"图形元件拖至场景。

2）选择第 40 帧，在右击快捷菜单中选择"插入关键帧"命令，在第 40 帧处插入关键帧。

图 5.6　对齐工具的使用

3）选择第一帧，在"属性"面板中选择"动画"补间，旋转：顺时针 1 次，如图 5.7 所示。

4）按 Ctrl+Enter 键进行测试，风车已经能开始转动了。

如果希望风车的大小和色彩在旋转过程中有所变化，可选取动画的第一帧或第 40 帧改变其大小和颜色。

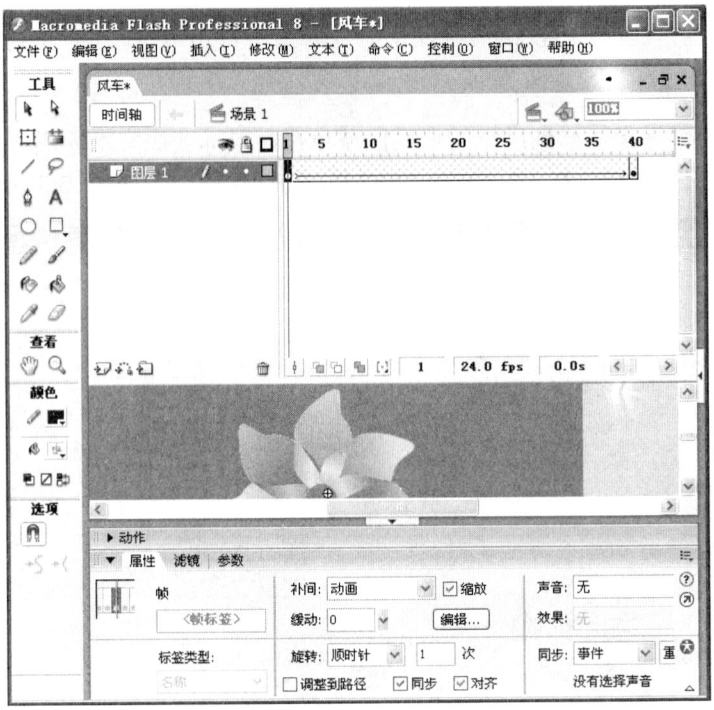

图 5.7　风车动作补间动画

【例 5.2】　在网上我们经常看到带有"旋转背景"效果的广告，它是如何制作的呢？

操作步骤

第 1 步：制作车轮图形元件。

1）建立一个动画，设为 500×100，25 帧/秒，如图 5.8 所示。

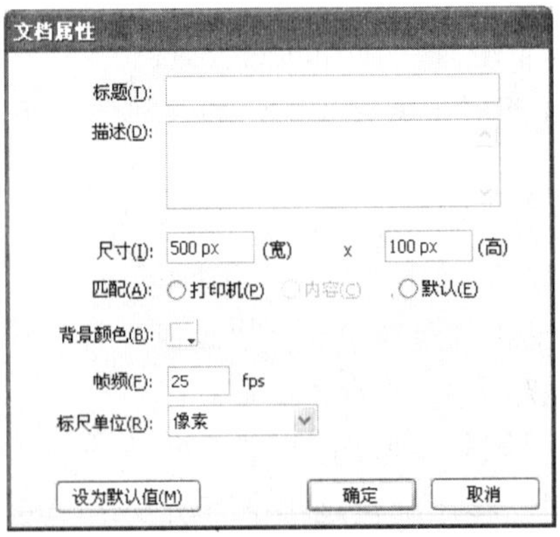

图 5.8　文件属性对话框

2）画一个圆，大小随意（因为最后可以放大缩小），在"信息"面板中设置圆中心位置的坐标为（0,0），如图5.9所示。

图5.9　场景上设定好中心点的圆

3）在圆的旁边画一条水平线（之所以在旁边画，是为了防止互相切割），长度比圆直径长些，设置中心位置为（0,0），这条直线就成了圆的水平直径。用鼠标单击出头的部分，按Delete键，删去。成了名副其实的直径了，如图5.10所示。

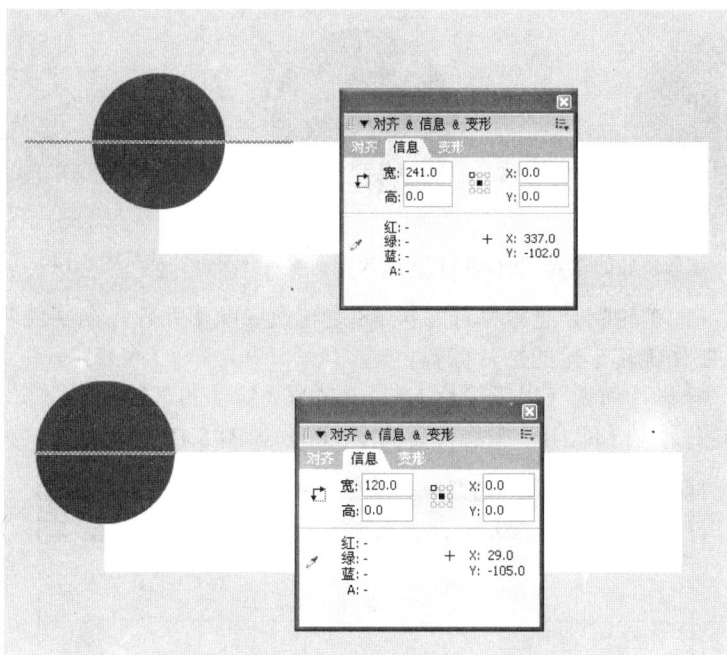

图5.10　圆和直线的相对位置图

4）单击直径选择它，按Ctrl+C键进行复制。

5）按Ctrl+Shift+V键粘贴，粘贴出现的直线与原来的直线重合，在"转换"面板中填写"旋转"9度，如图5.11所示。

6）再按Ctrl+Shift+V键粘贴、18度；再粘贴、27度；再粘贴、36度……如图5.12所示。

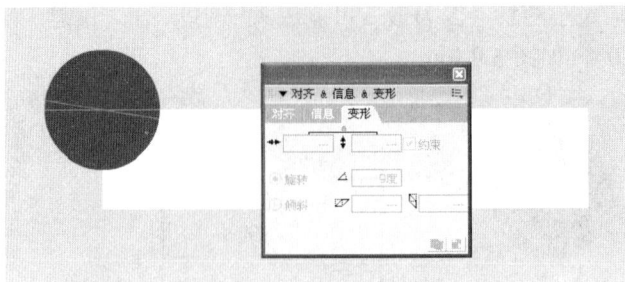

图 5.11　旋转 9 度后的效果

7）到了 81 度了，框选所有的线条和圆，按 Ctrl+C 键复制。

8）按 Ctrl+Shift+V 键进行粘贴，90 度。这样可以一次将所有的线条都画出来了，如图 5.13 所示。

9）这下你看到了什么？车轮？还犹豫什么？填色，填上两种相间的颜色。

10）在任意一段线条上双击，选择所有线条，按 Delete 键，这下只剩下两种颜色的色块了，线条都被删除了，如图 5.14 所示。

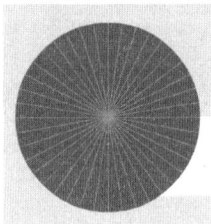

图 5.12　经过多次旋转后的效果　　图 5.13　完成线条旋转后的图形　　图 5.14　填色后的效果

11）多漂亮的车轮啊！赶紧框选，按 F8 键转换成图形元件，名字就叫"车轮"。

第 2 步：制作旋转车轮的影片剪辑。

1）新建一个影片剪辑（以下简称 MC），名为"转动的车轮"。

2）将车轮拖动到 MC 中，中心位置为（0,0），如图 5.15 所示。

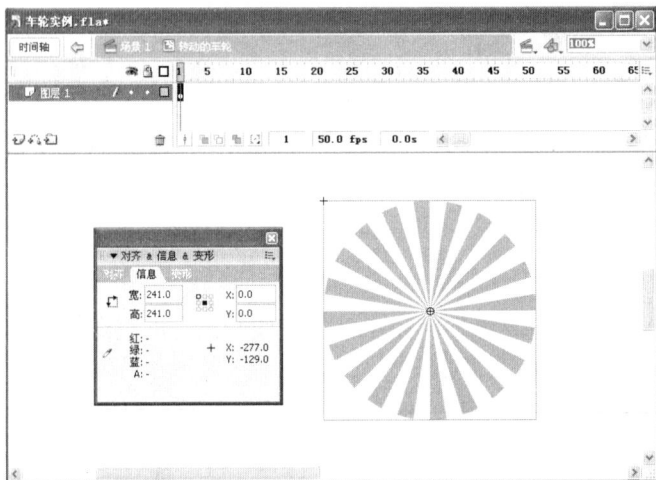

图 5.15　将"车轮"元件导入影片剪辑

3）在该 MC 的第 25 帧插入关键帧，然后在"转换"面板中填写"旋转"18 度，在该 MC 的时间轴上的第一帧单击右键，创建动画，如图 5.16 所示。

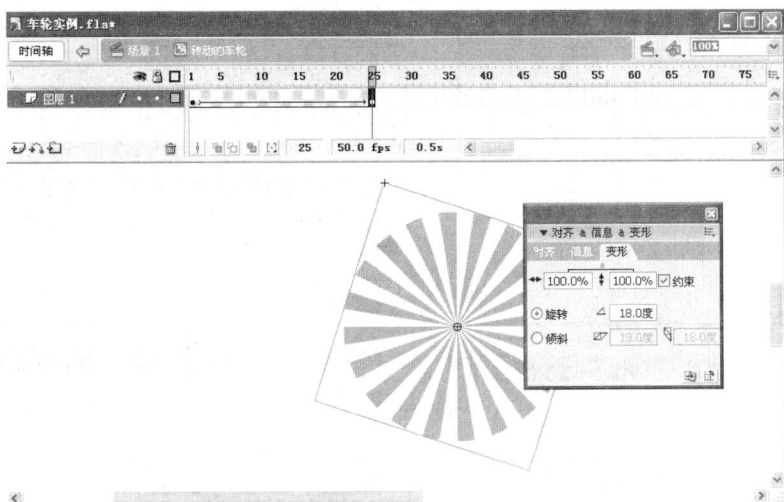

图 5.16 设置旋转角度并创建动作补间动画

4）好，这个 MC 就会动了，以每秒 18 度的速度慢慢转动。

如果希望转动时有色彩或透明度的变化，可以在第 25 帧处进行设置。

第 3 步：将影片剪辑拖入场景中进行多种变化。

1）回到场景，将"转动的车轮"拖入场景，其中心位置为（0，0），如图 5.17 所示。

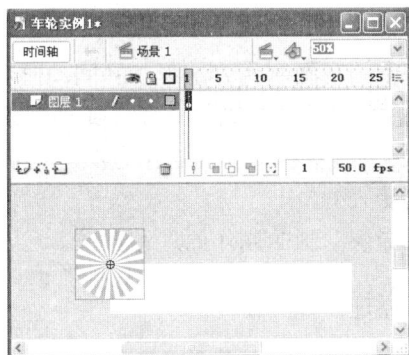

图 5.17 拖入场景中设置中心点

2）将其横向、纵向都拖大，横向放大比例大于纵向比例。直到车轮的右下四分之一扩展到能盖住整个场景为止（因为车轮的圆心在场景的左上角，其他四分之三都将不见），如图 5.18 所示。

3）同样如果中心位置不同，可以做出很多种形式的效果，如图 5.19 所示。

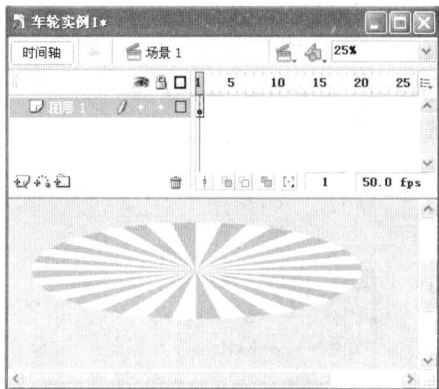

图 5.18　对影片剪辑进行变形后的效果　　　　图 5.19　中心点不同时的效果变化

好了，按 Ctrl+Enter 键测试一下吧，旋转背景效果就制作完成了。如再配上一些文字、图片，一幅眩目的广告就大功告成啦！

任务四　引导层动画的制作

前面我们学习了两种基本的动画制作方法形状补间动画和动作补间动画。当然学习Flash 不能局限于前面所讲的简单动画的制作，为了让动画效果不断增色，还要学习引导层动画（也称为轨迹动画）、遮罩动画等的制作方法。但从制作原理上来说，它们都是由前面所学的基本动画演变来的。

下面我们将一起学习引导层动画的制作原理和方法。

知识一　引导层动画的制作原理

引导层比较特殊，它位于被引导层的上方。在引导层中可以绘制各种图形和元件，但是引导层中的对象只是起到引导路径的作用，因此在播放动画时不会显示出来，而被引导层中的对象会沿着引导层中的路径进行运动。

创建引导层的方法有三种：

1）通过 按钮创建引导层。单击图层区域左下角的 按钮，即可在当前图层之上创建一个空白的引导层，如图 5.20 所示。

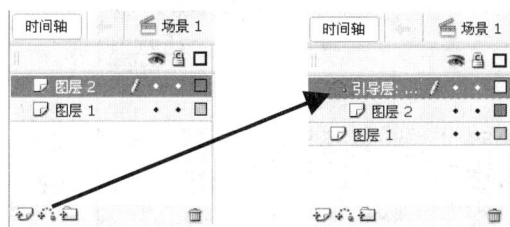

图 5.20 添加引导层方法一

2）使用快捷菜单创建引导层。选择一图层，在右击的快捷菜单中选择"添加引导层"命令，即可在该图层上方创建一个空白的引导层，如图 5.21 所示。

3）将普通图层转换为引导层。图层图标 上双击，打开"图层属性"对话框，在"类型"栏中选中 引导层 单选按钮，再单击 确定 按钮，此时图层图标由 形状变为 形状，如图 5.22 所示。然后再双击引导层下方图层的图层图标，在打开的"图层属性"对话框中选中 被引导 单选按钮，再单击 确定 按钮，这时引导层与其下方的图层就创建了引导链接关系，如图 5.23 所示。

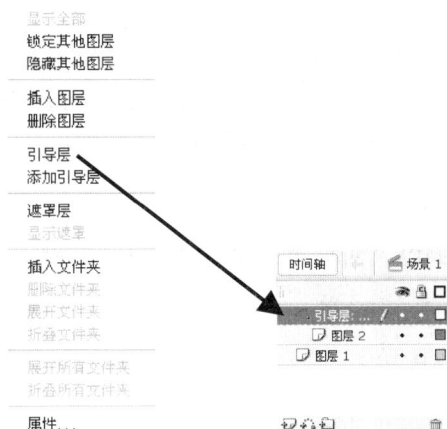

图 5.21 添加引导层方法二

图 5.22 将已知层变为引导层

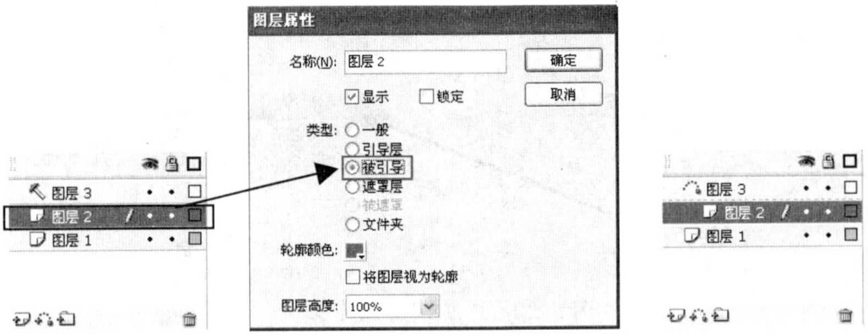

图 5.23　创建引导层的链接关系

知识二　简单引导层动画的制作

操作步骤

1）在普通层中创建一个元件。
2）单击 ✿ 按钮，在普通层上方新建一个引导层，此时普通层自动变为被引导层。
3）在引导层中绘制引导路径，然后将引导层中的路径沿用到某一帧。
4）在被引导层中将元件的中心控制点移动到路径的起始点。
5）在被引导层的某一帧插入关键帧，并将元件移动到引导层中路径的最终点。
6）在被引导层的两个关键帧之间创建动作补间动画，这时引导动画制作完成。

知识三　引导层动画应用实例

【例 5.3】　下面我们以"两类简单的小球运动"为例，来初步体会一下引导层动画的制作过程。

1．小球沿不规则曲线运动

操作步骤

1）新建一个 Flash 文档，设置场景大小、背景颜色为默认。
2）新建一个名为"ball"的图形元件。
3）选择图层 1 的第一帧，导入 ball 图形元件，并把图层 1 改名为"ball1"。
4）单击图层区域左下角的 ✿ 按钮，在图层 ball1 的上方创建一个空白的引导层，我们把它命名成"曲线路径"。这时该图层与它下面的 ball1 层之间建立了链接关系。
5）选择"铅笔"工具在引导层的第 1 帧绘制一条平滑曲线作为引导路径，在第 30 帧"插入帧"，将该曲线延续到该帧，如图 5.24 所示。
6）选中 ball1 图层的第 1 帧，将其中心与曲线的开头部分对齐，在第 30 帧插入一个关键帧，把小球的中心点与曲线的结尾处对齐，最后在第 1 帧和第 30 帧之间创建动作补间动画，如图 5.25 所示。

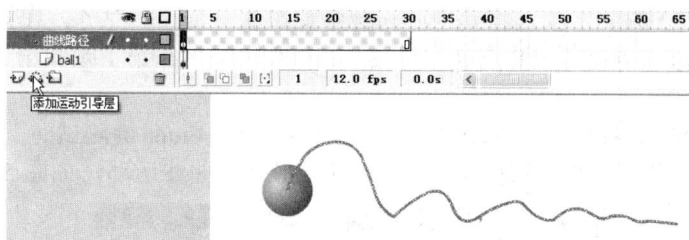

图 5.24　曲线路径

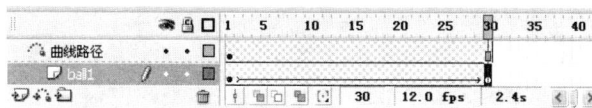

图 5.25　小球的终点位置

这一简单的"小球沿曲线路径"运动的引导层动画就形成了。按 Ctrl+Enter 键试试结果吧！

但有时我们需要小球是沿着一个圆形或椭圆形的路径运动该如何制作呢？比如在做天体运动动画时常遇到这种需要。

2. 小球沿规则曲线的运动

通过上面的例子我们可以看出，引导层动画中的路径要有一个起始点和一个结束点，而我们的圆形或椭圆形都是封闭图形，这时我们要想到把这样的封闭图形打断，这时就可以来确定小球运动的起始和结束点了。

我们继续使用上述文件。

1）在"曲线路径"图层的上面新建一个图层，名为"ball2"，还是把 ball 图形元件导入到其第 1 帧。

2）在 ball2 图层上面增加一个引导层，名为"椭圆路径"，在其第 1 帧画一个无填充色的椭圆，并用橡皮擦工具擦出一个缺口，在第 30 帧插入帧，将该路径延续到第 30 帧，如图 5.26 所示。

图 5.26　环形路径

3）选取 ball2 的第 1 帧，将其中心与椭圆缺口的一个端点对齐，在第 30 帧"插入关键帧"，将该球移动到另一端点处，完成对齐操作，最后在第 1 帧和第 30 帧之间创建动作补间动画。

这样一个沿椭圆路径运动的动画就完成了。按 Ctrl+Enter 键测试一下影片，可以看到两个小球一个沿不规则曲线运动，一个沿椭圆形规则曲线运动，如图 5.27 所示。

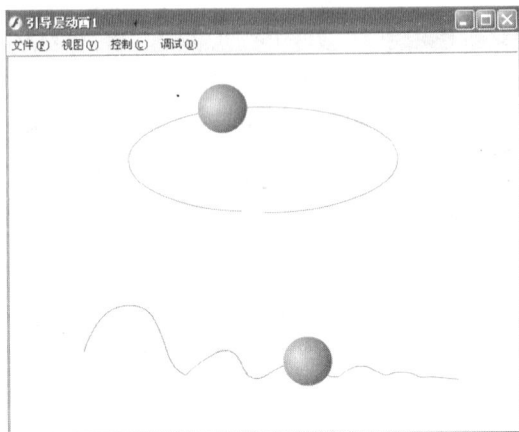

图 5.27 两种不同路径小球的运动

引导层的基本动画过程，就讲到这里啦！如果想要做出很完美的动画效果，那还要多多实践。

【例 5.4】 下面以"5460 同学录"网站首页为例，练习引导层动画的制作过程。

操作步骤

1）新建一个 Flash 文档，设置背景颜色为蓝色，帧频 12b/s。

2）选择"文件"、"导入"、"导入到库"命令，将同学录的背景图，导入到库中。

3）选择"插入"、"新建元件"命令，新建一个名为"背景"的图形元件。

4）将步骤 2）导入到库中的背景图位图文件，拖到"背景"元件中，按 Ctrl+I，打开信息面板，可以看到位图的大小宽为 717 像素，高为 482 像素，如图 5.28 所示。

根据背景图的大小，我们可以把场景大小设置为 717×482。

5）将"背景"元件库里的位图"分离"，选择"矩形"工具，选择笔触颜色为黑，填充颜色为绿，在分离的图形合适位置画一个矩形框，如图 5.29 所示。

6）双击选中绿色矩形框及黑色外框线，按 Delete 键删除，使其中间有一块空心区域，如图 5.30 所示。

7）同时，将"枫叶 1"和"枫叶 2"作为图形元件编辑好存放到库中。

8）返回场景中，选择场景中的图层 1，改名为"封面"，将"背景"元件，拖入到第 1 帧上。

9）新建一个图层，名为"枫叶 1"，将"枫叶 1"元件导入到该图层的第 1 帧，放在场景外，合适的位置。

10）在枫叶1图层的上方添加一个引导层，使用"铅笔"工具画一条平滑的引导线，如图5.31所示。

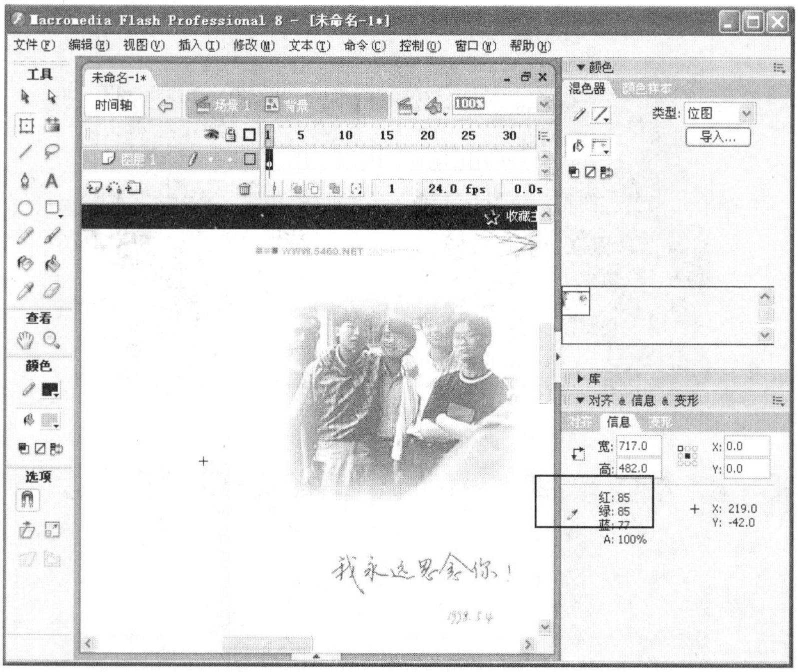

图5.28 背景图转化成图形元件

图5.29 分离背景图并在合适区域画矩形

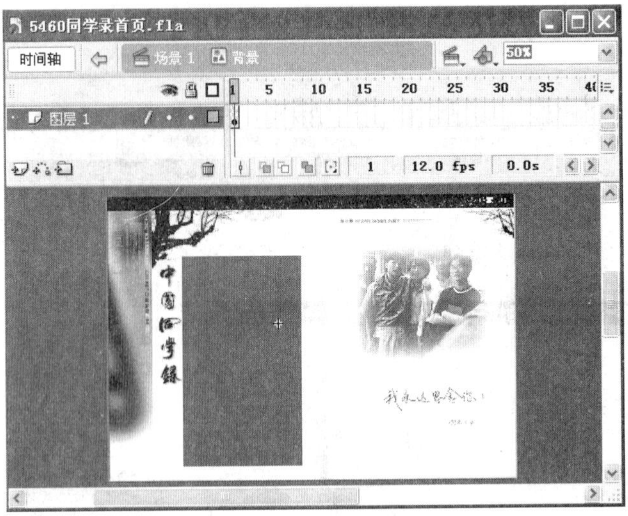

图 5.30　编辑好的背景图

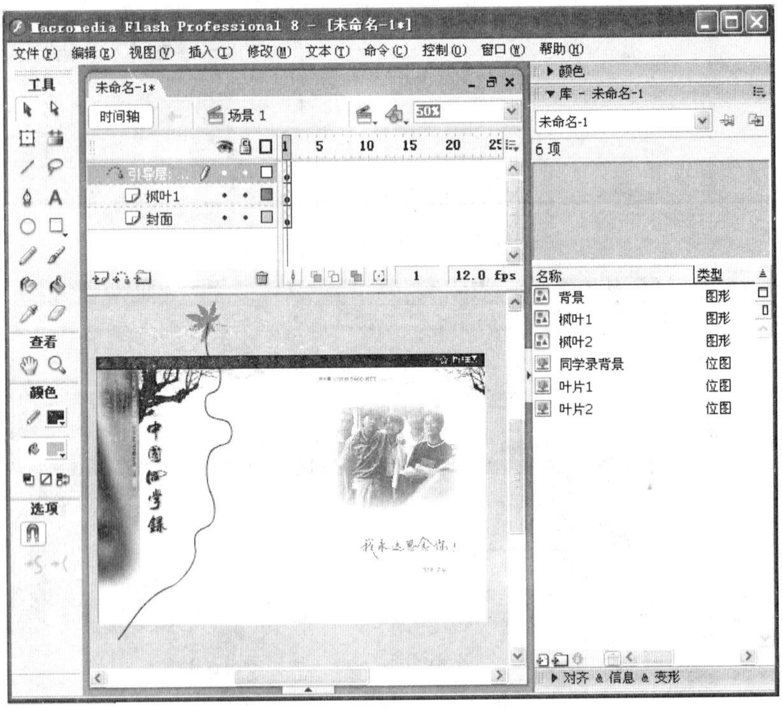

图 5.31　引导层动画的创建

11）在"引导"图层的第 80 帧处"插入帧"，将引导线延续到到 80 帧处。

12）选取"枫叶 1"的第 1 帧，将其中心与引导线的顶端对齐，在第 80 帧"插入关键帧"，将枫叶移到到另一端点处，完成对齐操作，最后在第 1 帧和第 80 帧之间创建动作补间动画，如图 5.32 所示。

13）为了使效果更好一些，我们可以再多做几个引导层动画，并且使用每个动画适当间隔一些帧，使人感觉枫叶的飘落纷纷扬扬，如图 5.33 所示。

图 5.32 枫叶 1 引导动画完成后的效果

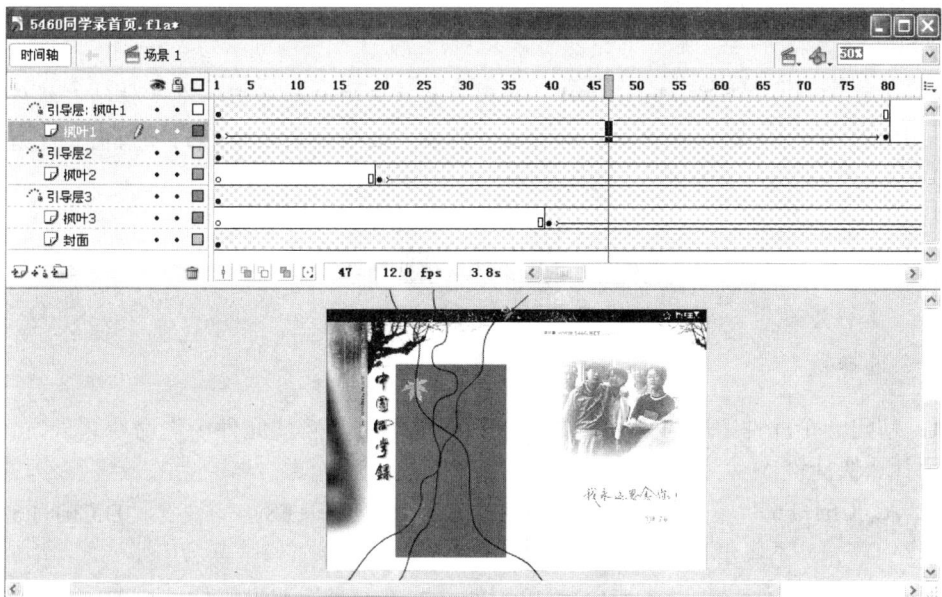

图 5.33 多片枫叶的路径动画过程

14）将"封面"图层移到图层的最顶端，按 Ctrl+Enter 键测试一下，可以看到枫叶飘落的过程了，如图 5.34 所示。

图 5.34　枫叶飘落效果图

同时，也可以设置枫叶的最后一帧的 Alpha 值变小，产生飘落过程中枫叶逐步消失的过程。

怎么样，效果还不错吧！

注意　设置 Alpha 值时，必须首先选定枫叶的最后一个关键帧，然后再到场景中单击枫叶，才能在"属性"面板中找到"颜色"选项。

习　题

一、选择题

1．新建一个元件，除可以使用"插入"菜单中的"新建元件…"命令之外，还可以使用什么快捷键（　　）？

　　A．Ctrl+F6　　　　　　B．Ctrl+F7　　　　C．Ctrl+F8　　　　D.Ctrl+F5

2．（　　）不属于元件的类型。

　　A．图形元件　　　　　B．对象元件　　　C．影片剪辑元件　　D．按钮元件

3．打开库面板需要使用（　　）快捷键。

　　A．Ctrl+K　　　　　　B.Ctrl+L　　　　　C.Ctrl+T　　　　　D.Shift+F8

二、操作题

1．我们常常在 Flash 播放时，看到各种切换效果，如页面由中心旋转出现，如页面

淡出，想想它们是如何完成的。

2．看一看下面的水滴动画的过程，如图 5.35 所示尝试制作一下吧！

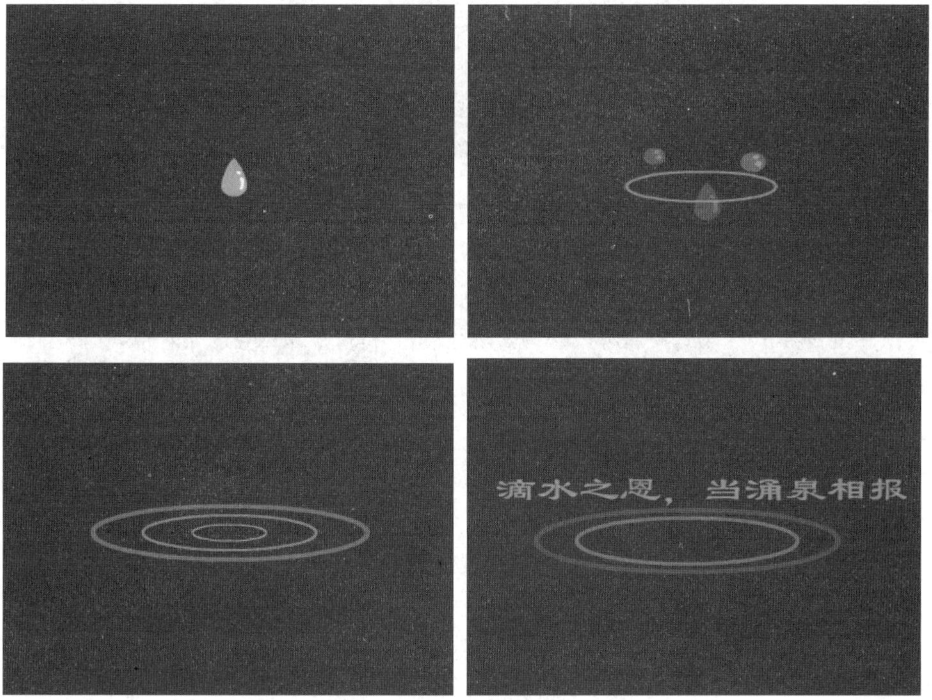

图 5.35　水滴动画过程

3．还记得儿时常玩的吹泡泡游戏吗？你能否用引导路径动画来完成这个漫天飞舞的泡泡呢？想一想，泡泡运动的快慢与哪些因素有关，如图 5.36 所示。

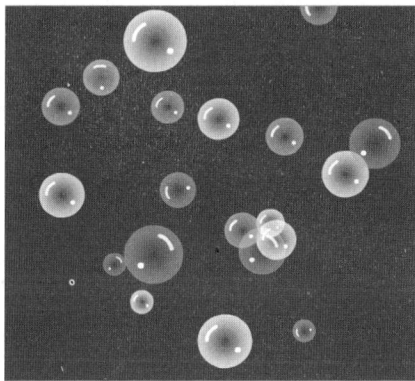

图 5.36　泡泡

4．如图 5.37 所示，春天，阳光普照着大地，蜜蜂和蝴蝶在花丛中翩翩起舞，想一想这样的场景，并尝试做一做光线摆动，峰蝶飞舞的场面吧！

图 5.37　春天图片

项目六

遮罩动画

主要内容

- ◆ 遮罩动画的概念及运用
- ◆ 遮罩动画的制作方法

学习目的

- ◆ 理解遮罩的含义
- ◆ 能正确区分遮罩物体与被遮罩的物体
- ◆ 掌握遮罩动画的制作步骤

任务一　遮罩动画的制作原理

在制作遮罩动画之前，必须先了解遮罩的含义与创建方法。遮罩层是一种特殊的图层，使用遮罩层后，遮罩层下方的图层内容（即被遮罩对象）将通过一个类似于窗口的对象显示出来，而这个窗口的形状就是遮罩层中对象的形状。

将图层转换为遮罩层后，将用一个遮罩层图标来表示。紧贴它下面的层将链接到遮罩层，其内容会透过遮罩上的填充区域显示出来。被遮罩的层的名称将以缩进形式显示，其图标将更改为一个被遮罩的层的图标 📑。

遮罩动画的制作原理就是通过遮罩层来决定被遮罩层中的内容的显示，以出现动画效果。

任务二　简单遮罩动画的制作

操作步骤

1）创建一个图层或选取一个图层，在其中设置出现在遮罩中的对象（即被遮罩物）。

2）选取该图层，再单击图层区域的 🔲 按钮，在其上新建一个图层（即遮罩物所在层）。

3）在遮罩层上编辑图形、文字或元件的实例。

4）选中要作为遮罩层的图层，单击鼠标右键，在弹出的快捷菜单中选择"遮罩层"命令。

5）锁定遮罩层和被遮罩层，即可在 Flash 中显示遮罩效果。

任务三　应用举例

【例 6.1】　下面以制作一个名为"电影文字"动画为例，来演示简单遮罩动画的制作方法，分析其中的遮罩与被遮罩层的关系。

操作步骤

1）新建一个 Flash 文档，将场景大小设为 400×300 像素。

2）选择"文件"、"导入"、"导入到库"命令，将"海南夕照"图，导入到库中。

3）选择"插入"、"新建元件"命令，新建一个名为"背景"的图形元件。

4）将步骤 2 导入到库中的背景图文件，拖到"背景"元件，编辑好背景图片。

5）回到场景中，将图层 1 改名为"背景层"，将"背景"元件拖入到舞台中。

6）在第 40 帧，插入关键帧，将背景图片适当向左移一点，在第 1 和第 40 帧之间创建补间动画，如图 6.1 所示。

图 6.1　被遮罩物的运动动画

7）新建一个图层，命名为"文字"，在舞台的适当位置，输入"电影文字"，隶书，100pt，如图 6.2 所示。

图 6.2　添加文字图层

8）在"文字"图层上右击，在出现的快捷菜单中选择"遮罩"命令，如图 6.3 所示。

图 6.3　选择遮罩命令

9）遮罩效果已经出来了，按 Ctrl+Enter 键测试一下结果吧！如图 6.4 所示。

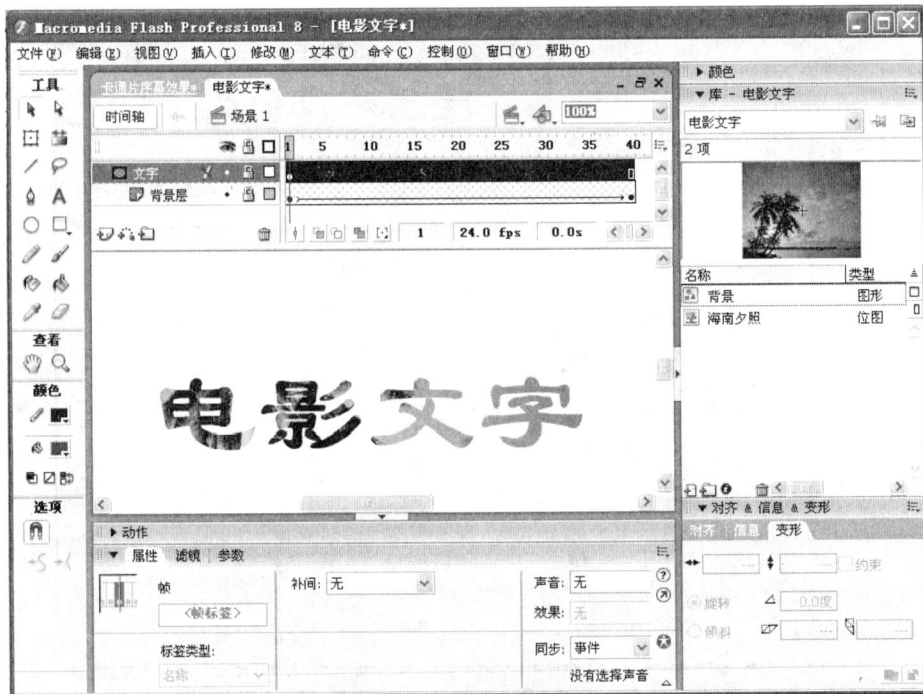

图 6.4　"电影文字"遮罩效果

在这一实例中，遮罩物是文字，被遮罩物是背景图。背景图在文字的轮廓显示出来，文字相当于一个窗口，由于背景图在运动，因此，看上去文字中的内容也在运动。

【例6.2】 下面以制作一个名为"卡通片序幕"动画为例，演示简单遮罩动画的制作方法。

操作步骤

1）新建一个 Flash 文档，将场景大小设为 400×300 像素。

2）选择"文件"、"导入"、"导入到舞台"命令，导入"卡通片背景"，调节图片大小，将图层 1 改名为"背景"，并在图片上加入"小鸡比利冒险记"文字，如图 6.5 所示。

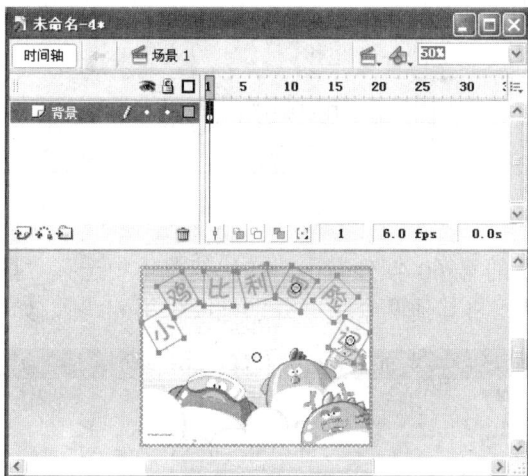

图 6.5　导入卡通背景图

3）新建一个图层，命令为"文字"，使用文字工具在舞台下方创建文字，列出导演和演员表，如图 6.6 所示。

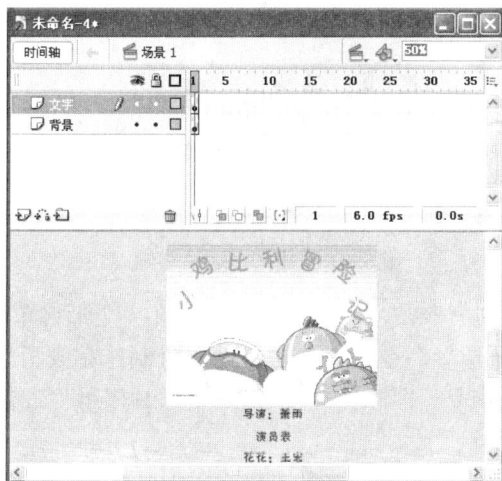

图 6.6　添加序幕文字（被遮罩物）

4）在文字层上方再新建一个名为"矩形遮罩物"的图层，用"矩形"工具在适合的位置画一个矩形框，如图 6.7 所示。

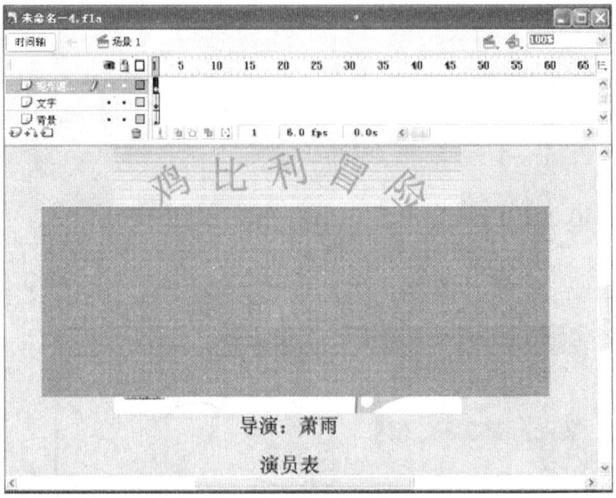

图 6.7　画矩形遮罩物

5）在"文字"图层的第 60 帧外右击，在快捷菜单中选择"插入关键帧"，并将第 60 帧处的文字向上移动，将其他两个图层分别延续到第 60 帧，如图 6.8 所示。

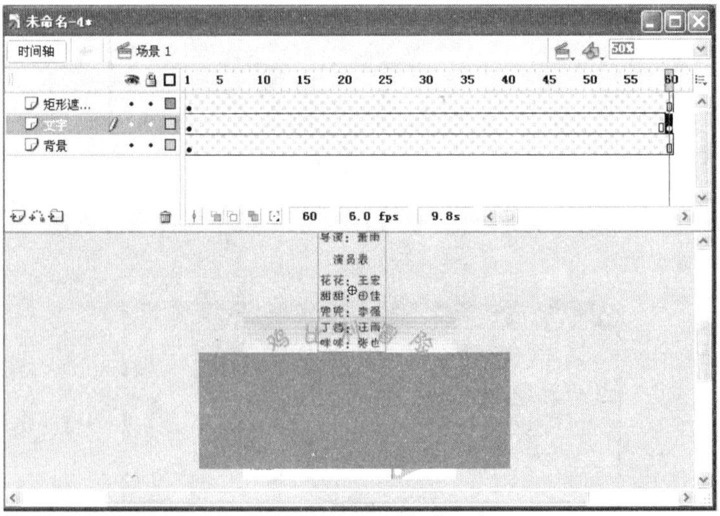

图 6.8　创建文字运动动画

6）选择"文字"层的第一帧，创建补间动画；在"矩形遮罩物"图层的名上右击，在快捷菜单中选择"遮罩层"命令，一个遮罩动画就制作完成了，如图 6.9 所示。

7）按 Ctrl+Enter 键测试一下吧，一个流动"卡通片序幕"效果制作完成啦！效果如图 6.10 所示。

该实例中矩形为遮罩物，文字为被遮罩物。矩形区域像是一个窗口，文字只在这个窗口的范围内显示出来。

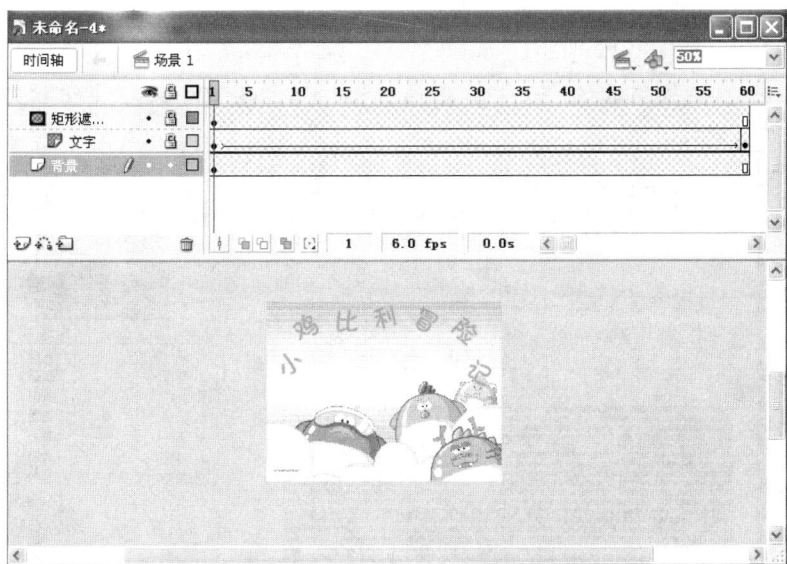

图 6.9 完成遮罩后的效果

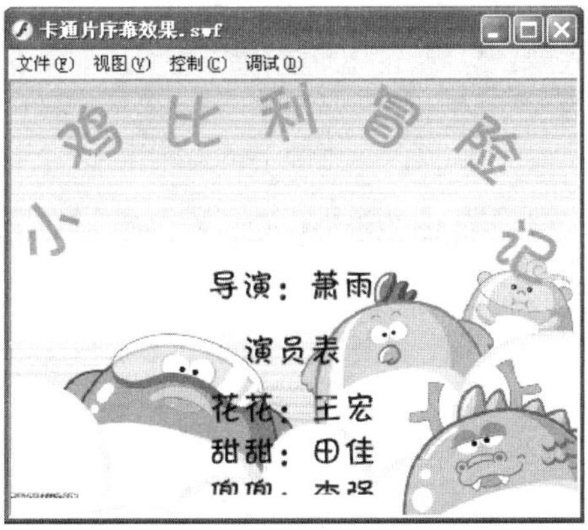

图 6.10 通过遮罩完成的文字切入效果

【例 6.3】 前面讲解的遮罩实例都是被遮罩物在运动,下面我们一起来尝试做一个遮罩物在运动的"百叶窗"效果动画。

操作步骤

1)新建一个 Flash 文档,将场景大小设为 640×480 像素,帧频 12bs。

2)将一组猫狗图片导入到库中。

3)新建一个名为"横条矩形"图形元件,在其中绘制一系列,长为 640,高为 10 的矩形,如图 6.11 所示。

4)通过将"横条矩形"元件进行旋转,得到"竖条矩形"的图形元件。

5)切换到场景中,选择图层 1,改名为"底图",将一幅猫狗图导入到舞台中,按

Ctrl+I 键，打开信息对话框，设置图片大小为 640×480 像素，以图片左上角为中心点，设置 x、y 值为 0，如图 6.12 所示。

图 6.11 绘制的百叶窗元件

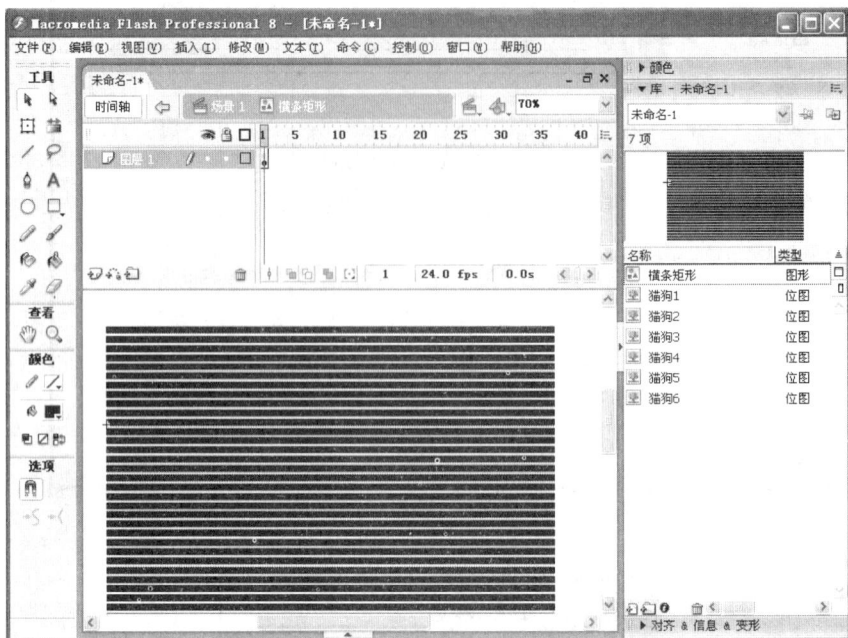

图 6.12 将图导入场景设置中心点

6）新建两个图层，分别命名为"图片 1"和"图片 1 遮罩"，选择"图片 1"图层，导入一张猫狗图片，以步骤 5 中的方法定位好图片。

7）选择"图片 1 遮罩"图层，将横条矩形元件，导入到场景中，放置在舞台的顶端，如图 6.13 所示。

图 6.13 设置"横条矩形"的起始位置

8）在"图片 1 遮罩"层的第 80 帧插入关键帧，将横条矩形元件垂直向下，遮住整个舞台，在第 1 和第 80 帧之间创建补间，如图 6.14 所示。

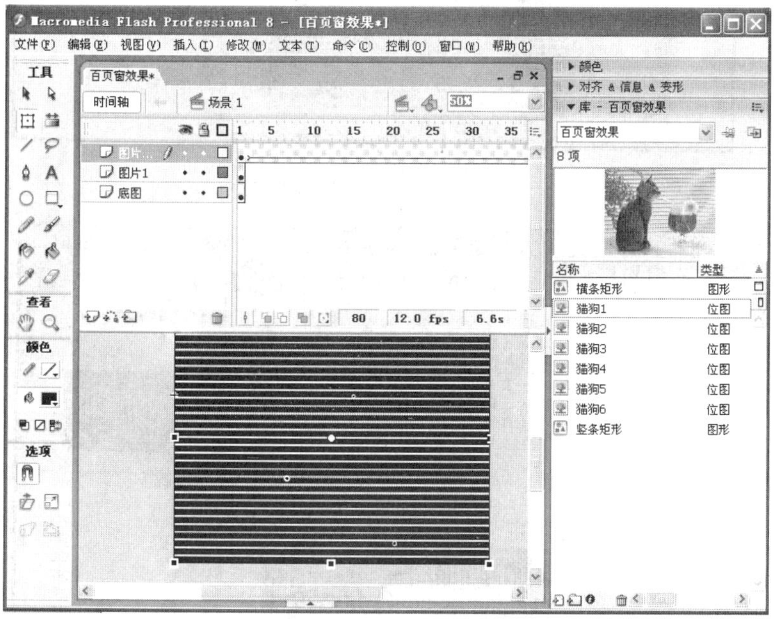

图 6.14 将"横条矩形"盖住整个场景

9）将"底图"层和"图片 1"层延续到第 80 帧。

10）选择"图片 1 遮罩"层，在该层上右击，在快捷菜单中选择"遮罩层"命令，如图 6.15 所示。

11）好了，按 Ctrl+Enter 键测试一下吧，水平百叶窗效果完成了！

为了使效果更丰富，我们可以以类似的方法，继续做一幅垂直百叶窗的效果。

12）新建两个图层，分别命名为"图片 2"和"图片 2 遮罩"，在"图片 2"的第 81 帧插入关键帧，导入一幅猫狗图，对齐放置；在"图片 2 遮罩"的第 81 帧插入关键帧，将竖条矩形放置在舞台的左边。

13）以步骤 8 类似的方法，在图片 2 遮罩层的第 160 帧插入关键帧，将竖条矩形右移到舞台上，遮住整个舞台，在第 1 和第 80 帧之间创建补间。

14）将"底图"层和"图片 2"层延续到第 160 帧。

15）选择"图片 2 遮罩"层，在快捷菜单中选择"遮罩层"命令，如图 6.16 所示。

图 6.15　水平百叶窗效果

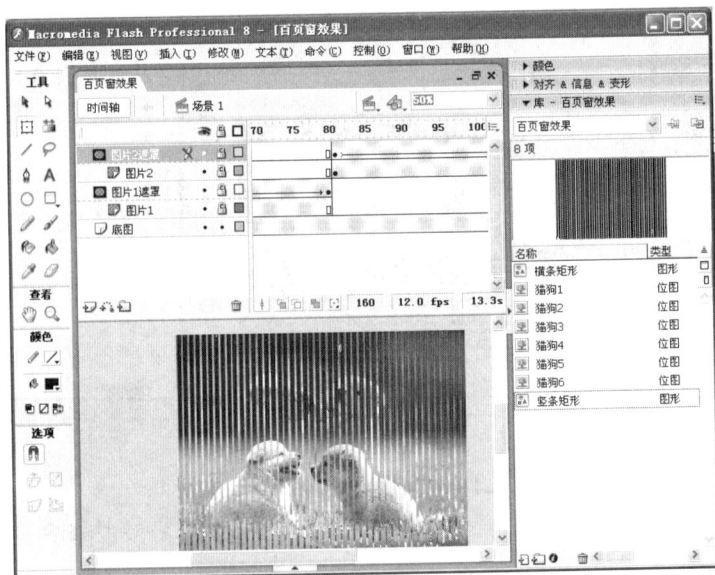

图 6.16　垂直百叶窗效果

16）好了，按 Ctrl+Enter 键测试一下吧，水平、垂直百叶窗效果都完成了！

习　　题

上机操作题

1．我们有时可以看到这样的动画：藤条沿着一根树枝，不断地缠绕着向上生长。这是一个遮罩动画的效果，想一想，在这样的动画中，遮罩物和被遮罩物分别是什么？什么在运动？

2．我们常见的水波动画，也是使用遮罩动画来完成的。尝试着做一做吧！

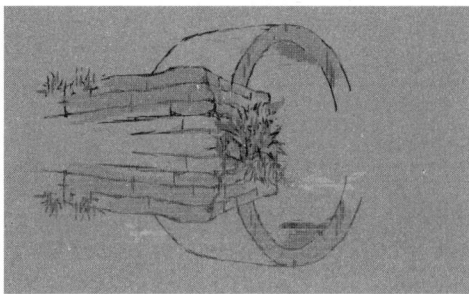

图 6.17　图示

3．请尝试使用遮罩等多种动画方式，完成以下页面切换效果，如图 6.18 所示。

图 6.18　切换效果

项目七

文字特效

主要内容

- ◆ 旋转文字的制作
- ◆ 发光文字的制作
- ◆ 变形文字的制作
- ◆ 遮罩文字的制作

学习目的

- ◆ 掌握文字动画的制作方法与技巧

任务一　文字特效概述

提起文字特效，很多人都会不由自主地想起 Photoshop。的确，Photoshop 有那么多的滤镜，那么多的特效，各种各样的材质，显示出来的效果的确非常绚丽。但是，与这个绚丽的效果成正比的，是 Photoshop 复杂的制作步骤——就是因为这个，才导致很多人望而却步，有心参与却无力实现。

如果你想在很短的时间里制作出精美的特性文字，而又不必担心自己的智力精力是否足够，那么，你就跟我们学习用 Flash 制作一些文字特效吧。而且，既然是 Flash，就意味着除了静态文字特效，我们还能制作出一些动态文字特效。

需要说明的是，随着 Flash 所在的公司 Macromedia 被 Photoshop 所在的公司 Adobe 吞并之后，原先只有 Photoshop 才有的一些基本功能，如基本滤镜，Flash 8 以上的版本也有了，这对于不熟悉 Photoshop 的人而言，可是一大福音哟！

知识一　文字特效的概念

文字是动画的一个重要内容，使用频率较高，特别是在使用大量文字内容的作品中。能否合理组织文字和调整文字的整体效果，将直接影响动画作品的质量。文字除了表述功能外还可以完成超链接和交互响应的功能。可以使用多种方式在 Flash 应用程序中加入文本，可以创建包含静态文本的文本块，还可以创建动态文本或输入文本字段。动态文本字段显示动态更新的文本，如体育比赛中电子计分或股票报价等。输入文本字段允许用户为表单、调查表或其他目的输入文本。

知识二　相关的知识概念

本章节主要介绍文本相关的知识，包括文本的类型、文本的属性，还介绍了形状修改方法。

1. 文本的类型

可以创建 3 种类型的文本字段：静态文本、动态文本、输入文本。

1）静态文本：显示不会动态更改的文本，如标题、页码等。

2）动态文本：显示动态更新的文本，如当前的日期时间、股票报价等。

3）输入文本：用户可以通过该字段输入文本到表单或调查表中。

2. 文本属性

可以水平设置文本方向，静态文本可以从左到右、从右到左，或者垂直设置文本方向，还可以选择文本的下列属性：字体、字号、样式、颜色、间距、字距调整、基线调整、对齐、页边距、缩进和行距，还可以对文本进行变形，如旋转、缩放、倾斜和翻转，并且仍然可以编辑文本中的字符。文字的超链接功能，必须将文本调整为横向排列的方式，因为文本竖排时，超链接选项是无效的。

3. 修改形状

修改形状的方法是将线条转换为填充、扩展填充对象的形状，或通过修改填充形状的曲线来柔化其边缘。

在菜单"修改"、"形状"命令中，包含以下命令：

1）将线条转换为填充：可以将线条转换为填充，这样就可以使用渐变色来填充线条或擦除一部分线条。

2）扩展形状：可以扩展填充形状。该命令在没有笔触的单色填充形状上使用效果最好。

3）柔化边缘：可以模糊形状边缘。

知识三　静态特效文字

首先，我们先学习如何制作静态特效文字，对 Flash 软件而言，就是利用文字打散之后进行的各种编辑所产生的特殊效果文字。

图 7.1　笔触与填充

这种效果类似于用 Photoshop 制作的特效文字（这个软件你用过没有？如果用过，当然是最好了。没用过？那也没关系！）。当然，严格意义上讲，如果是静态效果，当然是 Photoshop 这个软件制作的效果好，但是，这个软件操作复杂的很，没有 Flash 操作简单。所以，如果你希望操作简单一点，花的时间少一点，而且对这个静态效果要求不算太高的话，不如用以下的方法来制作。

知识四　通用的基本操作

操作步骤

1）文字输入并调整合适后，一定要用"打散"命令将文字打散，快捷键为 Ctrl+B。

2）Flash MX 以上版本中，输入词组，需要用 2 次"打散"命令才能将每个文字都打散。

3）文字被打散后，原先的蓝色边框消失，文字表面出现灰点，表示被选中状态。

4）通过"笔触颜色"、"填充色"分别修改文字的边框和填充颜色（见图 7.1）。

任务二　空心文字——天人合一

知识一　效果说明

我们以最简单的"空心文字"作为静态特效文字的第一个例子。那么，什么是空心文字？看看图 7.2 所示的"天人合一"，空心文字其实就是没有填充颜色的文字，通常表现为文字线框。

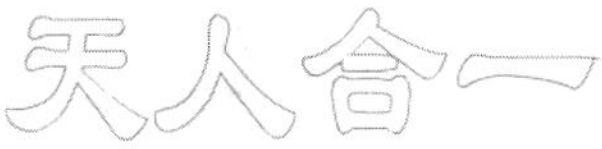

图 7.2 效果显示

知识二 制作步骤

操作步骤

1）新建一个空白文档，如图 7.3 所示设置相关参数。

图 7.3 文档设置

2）在图层 1 的第 1 帧，利用"文本"工具 **A** 输入文字"天人合一"，调整大小，并移动到合适的位置。

图 7.4 文字设置

3）利用"选择"工具 ，选中刚才输入的文字（"动画设计"四周出现一个蓝色边框），如图 7.5 所示。

4）第一次按下 Ctrl+B 键，将短语文字分离成单独的文字（每个文字周围出现蓝色边框），如图 7.6 所示。

图 7.5 调整大小和位置  　　　　　　图 7.6 将词组第一次分离

5）第二次按下 Ctrl+B 键，将四个文字分离成图形（每个文字周围的蓝色边框消失），如图 7.7 所示。

6）利用"墨水瓶"工具 ，选择合适的颜色，给文字添加边线，如图 7.8 所示。

图 7.7 将词组第二次分离成图形  　　　　图 7.8 给文字添加边框

7）利用"选择"工具 依次将文字的填充色去掉，如图 7.9 所示。

图 7.9　删除中间的填充色

8）按 Ctrl+Enter 组合键，测试效果，并保存文件。

思考与尝试一

如图 7.10 所示，一看效果就知道跟刚才的"天人合一"是类似的，但是，线条的颜色、宽度都发生了变化，怎么做的？可以参考一下以下的步骤：

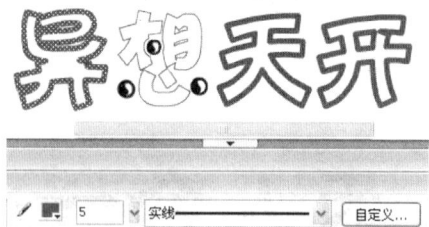

图 7.10　效果参考

1）首先将文字做成"空心文字"（会做吗？不会还得看上面的操作步骤）。

2）利用"选择"工具选择不同的文字部分，更改线条的颜色。

3）利用"选择"工具选择不同的文字部分，在下方的属性栏中更改线条的粗细。

例如，选择"异"，在下方的属性栏中设置，如图 7.11 所示

例如，选择"开"，在下方的属性栏中设置，如图 7.12 所示。

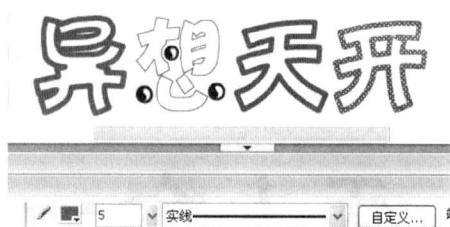

图 7.11　边框线修改

图 7.12　边框线修改

思考与尝试二

一看这个效果，还是空心文字。没错，但是，文字的线条似乎很滑稽，如图 7.13 所示，怎么做的？

1. 首先还是将文字做成"空心文字"（没问题了吧？）。

2. 利用"选择"工具选择不同的文字部分，更改线条的颜色（跟上面的一样）。

3. 利用"选择"工具拖动不同的文字部分形成不同造型（自己随便试）。

图 7.13　参考效果

任务三　荧光文字——吃吧

知识一　效果说明

这个效果似乎和空心文字差不多吗？对，差不多，但这个是"荧光文字"，也可以称为"霓虹灯效果"文字，就是在空心文字的基础上，对文字线条用渐变色进行填充，如图 7.14 所示。

图 7.14　参考效果

知识二　制作步骤

因为是在"空心文字"的基础上制作的，所以，一些基本步骤这里就不重复了，只是给出一些大体的步骤。

操作步骤

1）新建一个空白文档，设置相关参数。

2）在图层 1 的第 1 帧，利用"文本"工具 **A** 输入文字"吃吧"，调整大小，并移动到合适的位置。

3）将刚才输入的文字制作成"空心文字"（基本制作步骤同上文所述）。

4）利用"选择"工具，选中文字边框，然后利用菜单"修改"、"形状"、"将线条转换成填充"，如图 7.15 所示。

图 7.15　参考菜单

5）利用"颜料桶"工具，对线条进行填充。

思考与尝试

如图 7.16 所示，与上面的例子操作步骤可是完全一样，只是填充的颜色有点不同，没问题吧？

图 7.16　参考效果

任务四　立体文字——A

知识一　效果说明

立体文字，这里其实是指立体空心文字。利用上文提到的"空心文字"的制作方法，穿插了立体视图的原理制作而成的，主要突出三维立体的感觉，如图 7.17 所示。

图 7.17　参考效果

知识二　制作步骤

操作步骤

1）新建一个空白文档，然后将文字输入，并调整大小，如图 7.18 所示，建议使用如下字体，方便以后操作。

图 7.18　文本属性设置

2）利用 Ctrl+B 键分离操作，制作成空心文字，如图 7.19 所示（同上文的操作一样，你会了吗？）。

图 7.19　空心文字制作　　　图 7.20　复制并粘贴空心文字

3）复制空心文字，并粘贴，保持选择的状态下移动到合适的位置，形成如图 7.20 状态。

4）利用"直线"工具 ✎ 将前后文字的对应端点之间的线全部连接，形成透明立体状态，如图 7.21 所示。

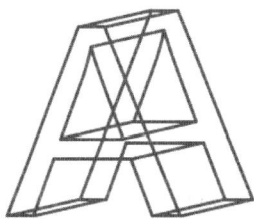

图 7.21　连线构成立体文字　　　图 7.22　根据透视原理删除不可见的线条

5）根据三维立体透视原理，自己选择一个观看的角度，利用"选择"工具 ▸ 将不可见的线全部去掉，如图 7.22 所示。

6）按 Ctrl+Enter 键，测试效果，并保存文件。

思考与尝试

如图 7.23 所示，一看这个效果，还是立体文字。没错，但是，中文字体，似乎比英文字体复杂。

1）首先是将文字做成"立体文字"（没问题了吧？开始的时候注意字体的选择）。

2）利用"直线"工具 ✎ 连接对应的定点（跟上面的一样，一定要选择好视角）。

图 7.23　参考效果

3）利用"选择"工具 ▸ 将不可见的线条选择后删除（视角不能随便变的）。

任务五 多彩文字——魅力

知识一 效果说明

多彩文字，其实就是文字用不同的颜色进行填充，而这个区域是用户自己选择的，如图 7.24 所示。

图 7.24 参考效果

知识二 制作步骤

操作步骤

1）新建一个空白文档，如图 7.25 所示，设置相关属性。

图 7.25 文档属性设置

2）利用"文本"工具 **A** 输入文字"魅力"，利用 Ctrl+B 键操作，将文字分离两次，成为普通图形，如图 7.26 所示。

图 7.26 文字分离   图 7.27 给文字添加边框

3）空心文字相似，但是一定要注意，不要将填充颜色删除。

4）利用"墨水瓶"工具，选择相应的颜色，给分离后的文字添加边框,如图 7.27 所示。

5）利用"选择"工具，选择部分文字内容，如图 7.28 所示。

6）利用"颜料桶"工具，对刚才选择区域进行填充，如图 7.29 所示。

7）重复以上的操作，直到满意为止。

图 7.28 选择部分区域   图 7.29 给选定的区域填充不同的颜色

思考与尝试

想想怎么做图 7.30 所示的字。

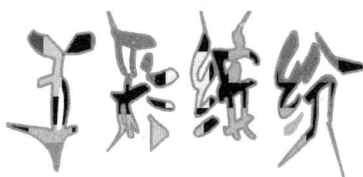

图 7.30 参考效果

任务六 雪堆文字——圣诞

知识一 效果说明

雪堆文字,其实就是模拟下雪后的样子,一般都是上方有一层雪,如图 7.31 所示。

图 7.31 参考效果

知识二 制作步骤

操作步骤

1)新建一个空白文档,如图 7.32 设置相关属性。

大小: 400×200 像素   背景: 帧频: 10   fps

图 7.32 文档属性设置

2）利用"文本"工具 **A** 输入文字"圣诞"，利用 Ctrl+B 键操作，将文字分离两次，成为普通图形。

3）利用"墨水瓶"工具 ，选择相应的颜色，给分离后的文字添加边框。

4）利用橡皮工具"擦除填充色"的功能，擦除掉文字上部的填充色，如图 7.33 所示。

图 7.33　擦除方式选择

5）利用"颜料桶"工具 ，选择白色，填充刚才擦除的区域。

任务七　旋 转 文 字

如果你觉得上面学习的静态文字太简单了，那么，就当是正式学习之前的热身吧，接下来，我们就要进行 Flash 的动态特效文字的制作了，你准备好了吗？首先，我们做一个"旋转文字"，因为旋转是一个很有趣的效果，不是吗？

知识一　效果说明

文本对象以事先设定的中心为圆心进行顺时针旋转。

知识二　设计思路

1）利用"文本"工具 **A** 输入文本，并制作成图形元件。
2）在属性栏中设置文字旋转的方向和旋转的次数。

知识三　制作步骤

操作步骤

1）新建一个空白文档，设置场景大小 400×400，背景为白色，帧频为 10 帧/秒，如图 7.34 所示。

大小：　400 x 400 像素　　背景：　　帧频： 10 　fps

图 7.34　文档属性设置

2）单击菜单"插入"、"新建元件"，在弹出的对话框中给元件设置"名称"为"文字"，选择"类型"为"图形"，然后单击"确定"按钮，如图 7.35 所示。

图 7.35　新建一个元件

3）鼠标单击工具栏中的"文本"工具 **A**，然后在下方的属性栏中设置文本的字体、字号、颜色等，最后输入文字"风雨无阻"，设置如图 7.36 所示。

图 7.36　设置文字属性

4）利用"选择"工具 ▶ 选择刚才输入的文本字段，然后点开右侧的"对齐面板"，选中"相对于舞台"，然后依次点中"水平中心重合"、"垂直中心重合"，如图 7.37 所示。

5）此时，文本如图 7.38 所示，中间的"十"字标记表明现在文本与舞台中心重合。

图 7.37　对象与场景中心重合　　　　图 7.38　对象与场景中心重合标志

6）此时，时间轴如图 7.39 所示。

7）单击左上方的"场景 1"按钮，返回场景。

8）单击菜单"窗口"、"库"，打开本文件的图库，显示刚才建立的图形元件，如图 7.40 所示。

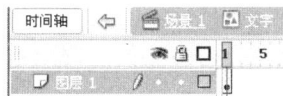

图 7.39　元件编辑窗口时间轴设置　　　　图 7.40　图库显示内容

9）从图库中将元件"文字"拖入场景舞台中。再次利用"对齐"面板，调整元件实例与舞台中心重合。

10）在图层 1 的第 20 帧，按下键盘上的 F6 键，插入新的关键帧。

11）鼠标选中第 1 个关键帧，在下方的属性栏中设置"补间"为"动画"，"旋转"为"顺时针"，次数为"2"次，如图 7.41 所示。

图 7.41　关键帧属性设置

12）单击菜单"控制"、"测试影片"，测试影片,时间轴效果如图 7.42 所示。

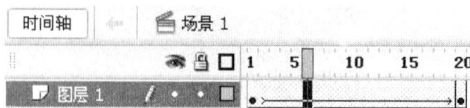

图 7.42　场景窗口时间轴设置

思考与尝试

1）如果希望得到"逆时针"的旋转效果，该如何调整？
2）如果将第 1 个关键帧的中心移动到文本之外，这个旋转效果会如何？

任务八　发 光 文 字

知识一　效果说明

屏幕中的"诚信"慢慢产生了光晕效果，而且光晕的颜色不断循环变化。

知识二　设计思路

1）利用"文本"工具 **A** 输入文字"诚信"，并分别放在"时间轴"窗口的两个图层中。
2）将底层的发光字打散，为其加虚边。
3）对不同帧中的虚边进行透明度和颜色调整。
4）利用运动动画产生光晕的淡入和颜色变化。

知识三　制作步骤

操作步骤

1）新建一个文档，设置相关属性如图 7.43 所示。

大小： 200 x 150 像素　　背景：■　　帧频：12　　fps

图 7.43　文档属性设置

2）修改"图层 1"的名称为"文字实体"。

3）利用"文本"工具 **A** 输入文字，黑体，红色，并调整大小以适合舞台大小，如图 7.44 所示。

4）增加一个图层，并改名为"文字边框"。

5）选中"文字实体"图层的第 1 帧，单击右键，在弹出的菜单中选择"复制帧"。

6）选中"文字边框"图层的第 1 帧，单击右键，在弹出的菜单中选择"粘贴帧"。

7）隐藏"文字实体"图层。

8）选中"文字边框"图层的第 1 帧，利用 Ctrl+B 键操作 2 次，将文字分离成矢量图形，如图 7.45 所示。

图 7.44　输入文字并调整大小　　　　图 7.45　文字分离成图形

9）选中"墨水瓶"工具 **A**，并设置"笔触颜色"，然后给刚才打散的文字添加边框，如图 7.46 所示。

10）空白处单击右键，取消选择。

11）利用"选择"工具 ，单击边框内的填充色，然后利用键盘上的 Delete 键删除，制作成空心文字，如图 7.47 所示。

图 7.46　添加文字边框　　　　图 7.47　空心效果文字

12）选择所有的文字边框，在下方的属性栏中设置"笔触"大小为"3"，以增加边框厚度，如图 7.48、图 7.49 所示。

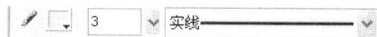

图 7.48　设置线条粗细　　　　图 7.49　将线条转换成填充状态

13）在菜单"修改"、"形状"命令中，选择"将线条转换成填充"。

14）在菜单"修改"、"形状"命令中，选择"柔化填充边缘"，设置 4 个像素点，如图 7.50 所示。

15）选中该"文字边框"图层的空心文字，按键盘上的 F8 键，转化为图形元件，名称为"边框"，如图 7.51 所示。

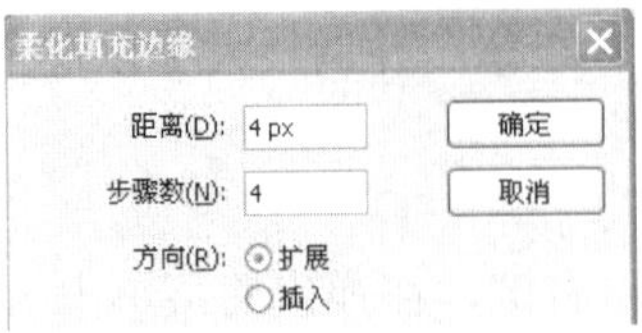

图 7.50　柔化填充边缘设置　　　　图 7.51　图库显示内容

16）在"文字边框"图层的第 20、30、40 帧依次插入关键帧，并制作成动画动作，如图 7.52 所示。

图 7.52　时间轴设置

17）依次在场景中选择第 20、40 帧的对象，在下方的属性栏中设置"颜色"、"色调"，如图 7.53、图 7.54 所示。

图 7.53　第 20 帧的"色调"设置　　　图 7.54　第 40 帧的"色调"设置

18）单击菜单"控制"、"测试影片（Ctrl+Enter）"，测试影片。

思考与尝试

1）空心文字你会做了吗？
2）如果发光的不是边框，而是内部实体呢，你会做吗？

任务九　变形文字

知识一　效果说明

不同文字之间以随机的样式进行变化。

知识二　设计思路

1）在不同的位置插入关键帧，并输入不同的文字。

2）将各个关键帧的文字打散。

3）设置“补间”方式为“形状”，即形变动画。

知识三 制作步骤

操作步骤

1）新建一个空白文档，设置场景的大小、背景色以及帧频等，如图 7.55 所示。

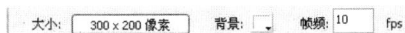

大小:
300 x 200 像素
背景:
帧频:
10
fps

图 7.55 文档属性设置

2）在图层 1 的第 1 帧，输入文字“欢迎”，调整颜色、大小、位置到合适状态，按 Ctrl+B 键打散 2 次，效果如图 7.56 所示。

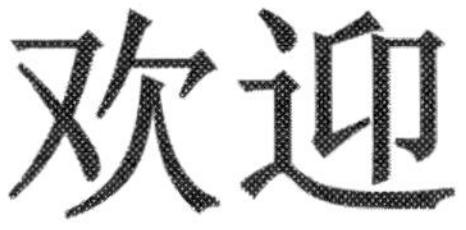
欢迎

图 7.56 文字分离成图形

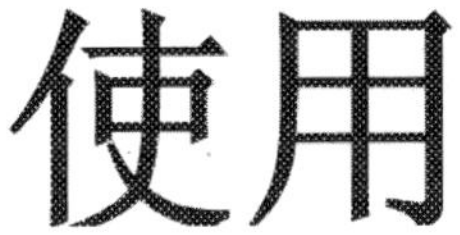
使用

图 7.57 文字被分离成图形

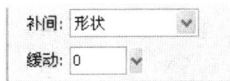

3）在图层 1 的第 20 帧处，单击鼠标右键，插入空白关键帧，输入文字“使用”，调整颜色、大小、位置到合适状态，按 Ctrl+B 键打散 2 次，如图 7.57 所示。

4）在图层 1 的第 40 帧处，单击鼠标右键，插入空白关键帧，输入文字“FLASH”，调整颜色、大小、位置到合适状态，按 Ctrl+B 键打散 2 次，如图 7.58 所示。

5）利用鼠标分别选中第 1、20 帧，在下方属性栏中设置动画动作为“图形（shape）”，如图 7.59 所示。

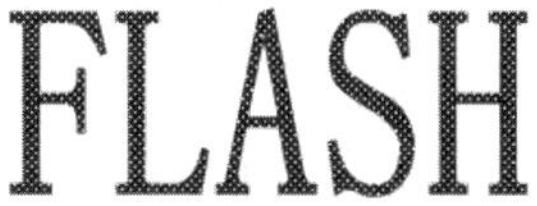
FLASH

图 7.58 文字被分离成图形

补间: 形状
缓动: 0

图 7.59 设置补间

6）单击菜单“控制”、“测试影片”，测试影片，时间轴效果如图 7.60 所示。

1
5
10
15
20
25
30
35
40
图层 1

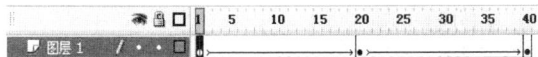

图 7.60 动画时间轴最终设置

思考与尝试

1）形变动画的核心要点是什么？

2）如果关键帧换成“空心文字”，效果会怎么样？

3）除了形变动画，变形文字还能用别的方式实现吗？

任务十 遮罩文字

知识一 效果说明

制作完成的图像在文字内部移动，就像电影文字一样。

知识二 设计思路

1）利用"文本"工具 **A** 输入文字"Movie"，并放在"时间轴"窗口的两个图层中。

2）将上层的文字打散，为其加上边框线制作成空心文字。

3）导入外部图像，完成位置移动动画。

4）将文字图层转变为遮罩图层。

知识三 制作步骤

操作步骤

1）新建一个文档，属性设置如图 7.61 所示。

大小：400 x 200 像素　背景：■　帧频：12　fps

图 7.61 文档属性设置

2）菜单"插入"、"新建元件"，新建一个图形元件"图片"。

3）利用"文件"、"导入"、"导入到舞台"，导入一张水果的图片，如图 7.62 所示。

4）单击左上方"场景 1"，返回场景。

5）修改图层 1 名称为"文字"，输入文字并调整大小，如图 7.63 所示。

6）增加一个图层并修改名称为"文字边框"。

7）复制"文字"图层的第 1 帧，并粘贴到"文字边框"图层的第 1 帧。

8）利用 Ctrl+B 键操作 2 次，打散文字，制作成空心文字，如图 7.64 所示。

9）增加一个图层，命名为"图片"，并将该图层放置在最下层。

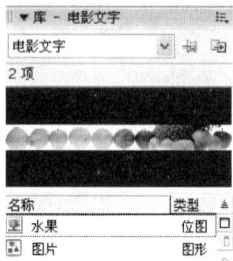

图 7.62 图库文件显示

10）从图库中将"图片"元件拖入本图层的第 1 帧，调整位置与大小，如图 7.65 所示。

图 7.63　输入文字并调整大小　　　　　　　图 7.64　制作成空心文字

图 7.65　从图库中拖入元件实例并调整位置大小

11）在本图层的第 30 帧插入关键帧，并调整图片的位置如图 7.66 所示。

图 7.66　设置不同关键帧对象的位置

12）在"图片"图层创建动作动画，并设置成遮罩效果，如图 7.67 所示。

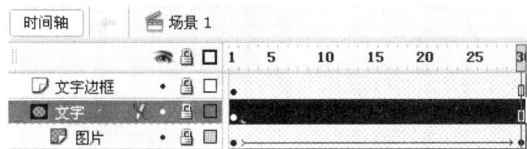

图 7.67　时间轴最终设置效果

思考与尝试

1）如果"图片"图层与"文字"图层位置颠倒，效果怎么样呢？
2）如果需要动画效果更连贯，至少需要多少关键帧才合适？

任务十一　闪　光　字

知识一　效果说明

屏幕中的"闪光字"不断产生明暗相间的光影流动效果。

知识二　设计思路

1）利用"混色器"面板制作色彩渐变效果。

2）利用"文本"工具输入文字。

3）利用"遮罩效果"实现闪光效果。

知识三　制作步骤

操作步骤

1）新建一个文档，属性设置如图 7.68 所示。

大小　400 x 200 像素　背景　■　帧频　12　fps

图 7.68　文档属性设置

2）菜单"插入"、"新建元件"，新建一个图形元件"色带"，如图 7.69 所示。

3）利用线性渐变，绘制并填充出一个矩形，如图 7.70 所示。

4）返回场景。

5）修改图层 1 名称为"文字"，输入文字并调整大小，如图 7.71 所示。

6）增加图层 2，并改名为"色带"。

7）将"色带"元件拖入该层第 1 帧，调整大小并旋转方向，如图 7.72 所示。

图 7.69　混色器面板设置

图 7.70　元件制作

图 7.71　输入文字并调整大小

图 7.72　调整相对位置

8）在第 20、40 帧分别插入关键帧，调整第 20 帧的位置如图 7.73 所示。

图 7.73　调整相对位置

9）在"色带"图层创建动作动画，如图 7.74 所示。

10）调整"文字"图层到"色带"图层的上方，并形成遮罩效果。

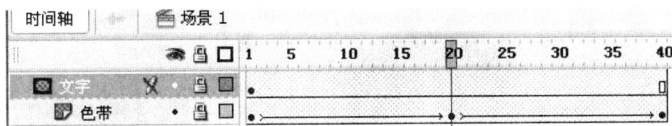

图 7.74　时间轴设置

思考与尝试

1）这种闪光文字除了遮罩对象移动外，文字对象能不能移动？

2）如果需要在文字外围增加上面提到的"光晕"效果，又该怎么做？

任务十二　黑暗中的文字

这个例子其实与项目八"鼠标特效"的例子是类似的，除了需要"遮罩效果"的制作技术外，还需要一些最简单的 Script 语言的应用。效果不错，而且制作过程也不复杂，关键是你能否清楚地知道整个设计思路和结构。当然，如果你发现现在你无法完成，或者完成有一定困难，你可以先缓一下，等学到项目八的时候，再重新学习一下。

任务一　效果说明

这个效果的创意，来源于一些小说，不外乎在一个表面上什么都没有的黑墙上，忽然因为某种机关，显示出来一些秘笈、秘密什么的东西，当然都是文字、图案什么的。简单地说，这个动画的效果就是：移动光标，显示一些黑暗中的文字，让文字显示更互动。

任务二　设计思路

1）利用遮罩效果来显示黑暗中的文字。

2）隐藏光标，拖动遮罩。

任务三　制作步骤

操作步骤

1）新建一个文档，设置场景的大小和背景，如图 7.75 所示。

2）新建一个"影片剪辑"元件"灯光"，利用"椭圆"工具绘制一个中心渐变的圆，如图 7.76 所示。

图 7.75　文档属性设置

图 7.76　元件制作

3）新建一个"图形"元件，利用自带的绘图工具绘制一个蜡烛的图形（或者导入现成的图片），如图 7.77 所示。

4）新建一个"影片剪辑"元件"文字"，输入需要显示的文字，如图 7.78 所示。

5）返回场景。创建四个图层，如图 7.79 所示。

图 7.77　元件制作

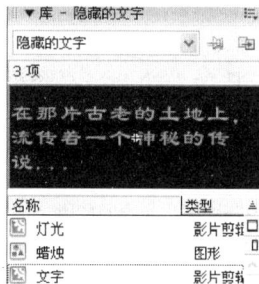

图 7.78　元件制作

图 7.79　图层创建

6）将刚才创建的三个元件，分别拖入到场景中对应的图层，如图 7.80 所示。

7）给"灯光"元件实例命名，如图 7.81 所示。

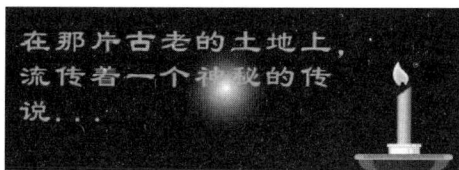

图 7.80　场景对象放置

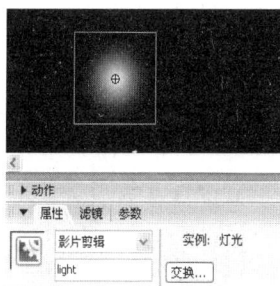

图 7.81　实例命名

8）"灯光"与"文字"图层形成遮罩效果，如图 7.82 所示。

9）在 Action 图层添加"动作"、"帧"，如图 7.83 所示。

图 7.82　遮罩效果设置

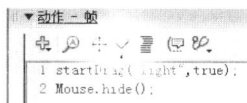

图 7.83　帧动作添加

10）按 Ctrl+Enter 键，测试一下，那个灯光跟你鼠标一起动了吗？鼠标移动过的地方，有字显示出来了么？如果一切正常，那就大功告成了；否则，你就得看看，哪里出错了？（提醒你，最典型最常见的错误就是：你给影片剪辑对象实例起名了吗？起的名字跟动作帧中引用的一致吗？一个字母都不能错哟）。

思考与尝试

1）能不能做成鼠标移动时，蜡烛跟着移动，同时显示黑暗中的文字呢？

2）startDrag 这个函数一次只能拖动一个对象，如果动画中需要同时拖动两个对象，怎么办呢？

习　　题

一、填空题

1．制作空心文字之前，一定要将输入的文字_____，快捷键是_____，然后用_____工具给文字加上边框，最后将内部的颜色删除。

2．遮罩效果是比较常用的动画效果，一般至少需要_____个图层才能完成，其中，上方的图层显示_____，下方的图层显示_____。

3．动画的制作步骤一般是三步，成功制作完成的形变动画在_____上显示的颜色是_____色，箭头是_____的；而动作动画在_____上显示的颜色是_____色，箭头是_____的；否则，动画制作中就存在错误（图层/时间轴/连续/不连续/紫色/绿色/红色）。

二、上机操作题

1．以自己的姓名为动画对象，制作一个形变动画，依次显示以下动画文字特效：空心文字－立体文字－雪堆文字－多彩文字－变形文字。

2．利用"遮罩效果"制作一个常见的电影结尾，依次显示制片人、导演、摄影、演员、化妆等人的姓名，注意，每次只能显示一个内容，前后一定要连贯。

项目八

鼠标特效

主要内容

◆ 鼠标事件中的常用语句
◆ 鼠标特效实例的制作步骤

学习目的

◆ 学会鼠标事件的应用
◆ 学会鼠标动画的制作
◆ 记住鼠标特效中使用的常用语句

任务一　鼠标特效概述

　　Flash 动画有一个很显著的特点，就是交互性很强，这个也是 Flash 为什么在网络上非常受欢迎的原因之一。相对于一些复杂的编程语言而言，Flash 自带的 script 语言非常简练，一些常见的交互效果的动画，只要简单几个语句，就可以制作出来。因此，在这一章节中，我们将以"鼠标"这个特定的对象为动画对象，依靠一些常用的 script 语句，配合以前咱们学习的一些动画制作技术，强化制作一些带交互功能的鼠标特效动画出来。你，准备好了吗？

　　鼠标特效其实并不复杂，就是光标的隐藏和对象的拖动。但是通过各种制作技术和技巧的组合，往往能够实现很奇妙的效果。

知识一　相关知识介绍

　　1．Mouse.hide（）方法

　　隐藏 SWF 文件中的指针。

　　2．Mouse.show（）方法

　　在 SWF 文件中显示鼠标指针。

　　3．MovieClip.onMouseMove

　　用法：my_mc.onMouseMove=function（）{ 处理语句；}
　　事件处理函数，当鼠标移动时调用。必须定义一个在调用事件处理函数时执行的函数。

　　4．starDrag(target , [lock])

　　target：要拖动的电影剪辑实例的目标路径。
　　lock：值为"true"：把可拖动的电影剪辑实例锁定在鼠标位置的中央。值为"false"：把可拖动的电影剪辑实例锁定到用户最先单击的位置。

注意 ZHU YI　　该函数一次同时只可以拖动一个电影剪辑。

知识二　光标位置与对象位置的关系

　　"影片剪辑"类型元件的实例对象 my_mc 具有如下一些位置方面的属性，相互之间的位置关系，参看图 8.1。

1）my_mc.x、my_mc.y：实例中心的位置坐标。

2）my_mc.xmouse、my_mc.ymouse：在实例上的光标的位置坐标。

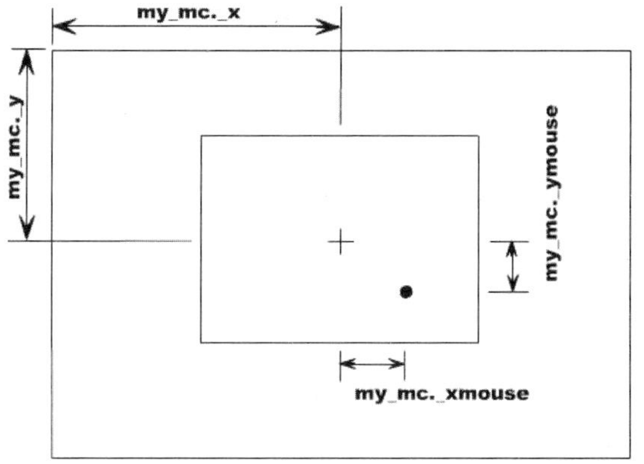

图 8.1 光标位置与对象位置的关系

可见，my_mc.x、my_mc.y 是实例相对于场景的坐标，其位置原点为场景左上角。my_mc.xmouse、my_mc.ymouse 是实例上的光标相对于实例中心的坐标。

因此，光标实际上相对于窗口左上角的位置坐标为：

（my_mc.x＋my_mc.xmouse ，my_mc.y＋ my_mc.ymouse）

任务二 实例一：移动探照灯

知识一 效果说明

很多反映抗日战争的影片中，总会有一些镜头，表现我方战士的勇敢，在黑夜中冒着被敌人探照灯发现的危险，偷偷靠近敌人的碉堡，然后一有机会就狠狠打击敌人，获得重大胜利。那么，你对镜头中的"探照灯"印象深刻吧，现在，我们就开始制作探照灯，而且是移动探照灯的效果，你准备好了吗？

简单地说，移动探照灯，就是：

1）鼠标移动到的位置，显示下面的图片。

2）利用 Action 语句中的 startDrag 函数配合电影剪辑实现。

知识二 设计思路

到这里，我们又要强调设计思路的重要性了，尤其是在创作动画作品的时候，显得尤为重要。忠言逆耳啊，这可是我们的经验之谈啊。

人体而言，分为两大步骤：

1）利用遮罩效果来显示背景图片。

2）利用函数拖动遮罩形成移动探照灯效果。

知识三　制作步骤

操作步骤

（第一大步骤）

1）新建一个空白文档，宽度为 500，高度为 500，背景色为黑色，其余属性默认，如图 8.2 所示。

大小：　500 x 500 像素　　背景：　　帧频：12　fps

图 8.2　文档属性设置

2）单击菜单"文件"、"导入"、"导入到舞台"，选择一张风景或其他的 jpg 图片导入到工作场景中来，并将该图层改名为"背景"，如图 8.3 所示。

3）鼠标选中工作区中的图片，并单击下方的"属性"面板，设置图片的位置和大小，如图 8.4 所示。

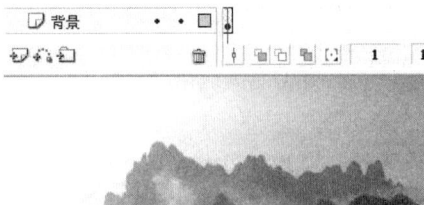

图 8.3　图片作为背景　　　　　　图 8.4　设置背景图片的大小与场景大小一致

4）单击菜单"插入"、"新建元件"，名称为"探照灯"，行为"电影剪辑"，如图 8.5 所示。

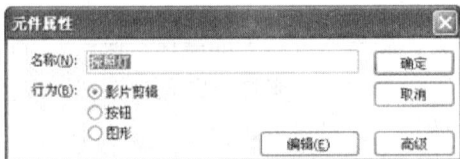

图 8.5　新建"影片剪辑"元件

5）确定后，进入"探照灯"的子编辑环境。

6）利用工具中的"椭圆"工具○，在子编辑工作区中绘制一个正圆，调整大小到合适位置，如图 8.6 所示。

7）鼠标单击左上角的"场景 1"，返回到工作区。

8）在场景 1 中，鼠标单击"插入图层"按钮，增加一个图层 2，并改名为"蒙版"。

9）按 Ctrl＋L 键，打开图库，从图库中将"探照灯"的电影剪辑拖入场景工作区中，如图 8.7 所示。

图 8.6　绘制探照灯

图 8.7　场景中使用元件实例

（第二大步骤）

10）在场景工作区中选中刚才拖入的元件实例，鼠标点击下方的"属性"面板，给实例起名为"light"，如图 8.8 所示。

11）鼠标单击"插入图层"按钮，增加一个图层 3，并改名为"控制"。

12）如图 8.9 所示，鼠标选中"控制"层的第 1 帧，然后点击下方的"动作-帧"面板，在展开的 Action 编辑区输入以下文字：

```
startDrag("light",true);//自由拖动名为 light 的电影剪辑
```

图 8.8　给实例对象命名

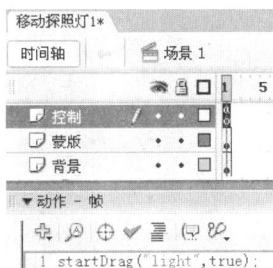

图 8.9　帧动作设置

13）增加一个图层，命名为"标题"，输入动画标题"移动探照灯"。

14）在图层区，鼠标右击"蒙版"图层，在弹出的菜单中选择"遮罩层"，形成蒙版效果，最终的图层设置如图 8.10 所示。

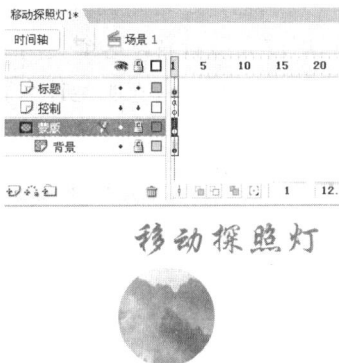

图 8.10　最终的设置界面

15）按 Ctrl+Enter 键，测试文本，并保存。

图 8.11　参考图

思考与尝试

1. 带背景的移动探照灯

如图 8.11 所示，这个效果不赖吧，是不是让你想起冬天的早晨，天还微微亮时的那个状态？从咱们这些"专家"的角度看，不就是在"移动探照灯"效果的基础上，增加了一个背景吗？但是，这个背景跟"探照灯效果"有什么联系，该怎么设置参数，该怎么实现，你得好好思考一下才行，可不能随便就动手啊！

提　示　基本制作步骤同上（当然是指探照灯效果本身）。最底下，增加一个背景图层，让背景图片元件的Alpha值小于50％即可。

2. 放大镜效果

图 8.12　参考图

如图 8.12 所示，这个超人很熟悉吧？那可是美国人心中的偶像，而且是美国个人英雄主义的全方位表现，我只是想用放大镜看看，这个美国超人偶像的脸上有没有长青春痘。如果可以的话，我还想看看他身上的超人衣服是什么牌子的，用什么料子做的，回头我自己也弄一身玩玩。

言归正传，这个效果怎么实现的，你想清楚了吗？

提　示

1）放大镜效果的核心，即我们常说的"遮罩效果"。

2）在本实例中，除了必要的遮罩层、被遮罩层文字之外，还需要哪些图层？

◆　普通文字显示层。

◆　放大镜实物层。

◆　屏蔽层（在被遮罩层文字与普通文字层之间）。

注意
ZHU YI

①放大镜实物，最好与遮罩层对象大小一致。②遮蔽层与遮罩层同步移动，作用是把普通文字遮蔽掉，只显示放大后的文字。

任务三　实例二：隐藏的文字

知识一　效果说明

移动光标，显示一些黑暗中的文字。

知识二　设计思路

1）利用遮罩效果来显示黑暗中的文字。

2）隐藏光标，拖动遮罩。

知识三　制作步骤

操作步骤

1）新建一个文档，设置场景的大小和背景，如图 8.13 所示。

大小：　500 x 200 像素　　背景：　　帧频：12　fps

图 8.13　文档属性设置

2）新建一个"影片剪辑"元件"灯光"，利用"椭圆"工具绘制一个中心渐变的圆，如图 8.14 所示。

3）新建一个"图形"元件，利用自带的绘图工具绘制一个蜡烛的图形（或者导入现成的图片），如图 8.15 所示。

图 8.14　元件制作

图 8.15　蜡烛元件制作

4）新建一个"影片剪辑"元件"文字"，输入需要显示的文字，如图 8.16 所示。

5）返回场景。创建四个图层，如图 8.17 所示。

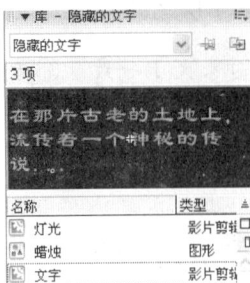

图 8.16　文字元件制作　　　　图 8.17　场景时间轴安排设置

6）将刚才创建的三个元件，分别拖入到场景中对应的图层，如图 8.18 所示。

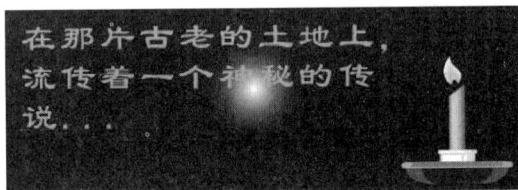

图 8.18　窗口对象设计与安排

7）给"灯光"元件实例命名，如图 8.19 所示。

8）"灯光"与"文字"图层形成遮罩效果，如图 8.20 所示。

图 8.19　影片剪辑实例命名　　　　图 8.20　遮罩效果设置

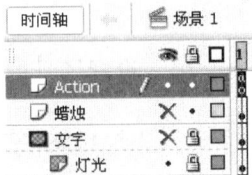

9）在 Action 图层添加"动作"、"帧"，如图 8.21 所示。

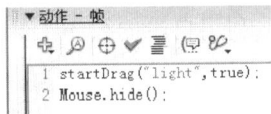

```
1 startDrag("light",true);
2 Mouse.hide();
```

图 8.21　帧动作设置

思考与尝试

如果不是拖动蜡烛，而是拖动文字，怎么做？

任务四 实例三：取景框

知识一 效果说明

光标隐藏，随着光标的移动，取景框也跟着移动，同时清晰显示刚才模糊的背景。

知识二 设计思路

1）分别制作取景框的内外两个影片剪辑。
2）利用函数在不同的时间帧内形成鼠标跟随效果。

知识三 制作步骤

操作步骤

1）新建一个"影片剪辑"元件 ball，制作一个如图 8.22 所示的取景框镜头。
2）新建一个"影片剪辑"元件 ball2，制作如图所示的取景框外边，大小正好将取景框镜头包围，如图 8.23 所示。
3）导入一张图片，并转换为"图形"元件 bg，如图 8.24 所示。

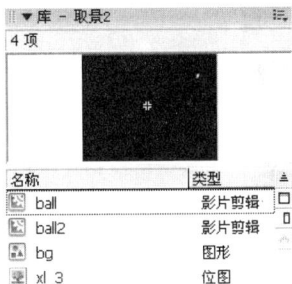

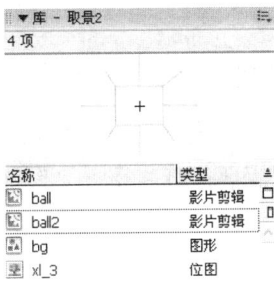

图 8.22 元件设计	图 8.23 取景框外形	图 8.24 图片作元件

4）返回主场景，将 bg 元件拖入图层 1，改名为 bg1，调整对象的大小和位置，设置元件实例的 Alpha 值为 50%，并在第 2 帧插入普通帧。
5）通过复制帧的方法增加一个图层为 bg2，设置元件实例的 Alpha 值为 100%。
6）增加一个图层 ball，将影片剪辑 ball 拖入该层，在属性中命名为 light1。
7）增加一个图层 ball2，将影片剪辑 ball2 拖入该层，在属性中命名为 light2，并增加一个关键帧。
8）选中 ball 层，对下面的 bg2 层形成遮蔽效果。
9）在最上面增加一个 control 的控制层。该层的第 1 帧添加帧动作，利用 startDrag 函数实现对 light1 元件实例的拖动效果。
10）在 control 层的第 2 帧继续添加帧动作，利用 startDrag 函数实现对 light2 元件实例的拖动效果。

11）场景各个图层关系如图 8.25 所示。

图 8.25　场景中时间轴设置

12）测试动画，并保存文件。

思考与尝试

1）基本制作步骤同上。

2）背景图片利用 Photoshop 的模糊滤镜进行了处理，以提高整体效果，如图 8.26 所示。

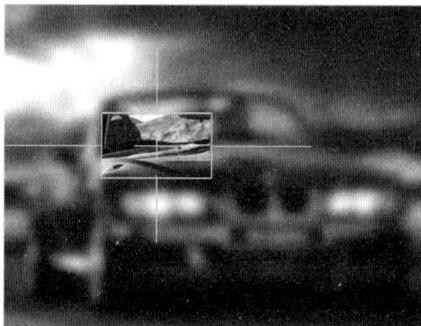

图 8.26　参考效果图

任务五　实例四：心跳的感觉

知识一　效果说明

1）光标隐藏，心随着鼠标移动。

2）如果在画面上单击鼠标，则光标显示，心不再跟随移动。

3）在心上按住鼠标移动，心随鼠标移动。

知识二　设计思路

1）创建"心跳"的动画效果。

2）隐藏光标。

3）响应鼠标的不同操作。

知识三　制作步骤

操作步骤

1）新建一个空白文档，设置场景大小，如图 8.27 所示。

图 8.27　文档属性设置

2）创建一个"图形"元件，这里是一个玩具图案，如图 8.28 所示。

3）创建一个静态的心的"图形"元件，如图 8.29 所示。

4）根据静态的心的"图形"元件，制作一个动态的心跳效果的"影片剪辑"元件，如图 8.30 所示。

图 8.28　"玩具"元件设计　　图 8.29　"心"元件设计　　图 8.30　"心跳"元件设计

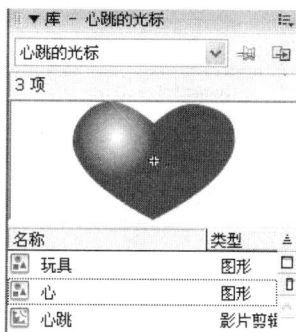

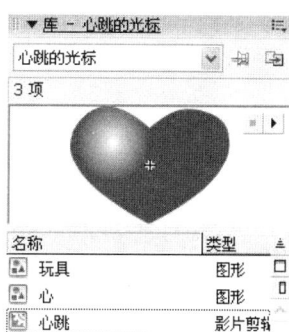

5）返回场景，创建两个图层，分别是"对象"与"Action"图层，如图 8.31 所示。

6）将玩具与动态心拖入场景，如图 8.32 所示。

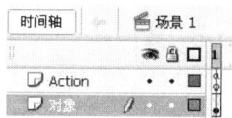

图 8.31　场景设置　　　　图 8.32　场景窗口设计

7）给"心"的实例命名，如图 8.33 所示。

8）在"Action"图层添加"动作"、帧"，输入以下 Action 内容，实现鼠标跟随与光标隐藏效果，如图 8.34 所示。

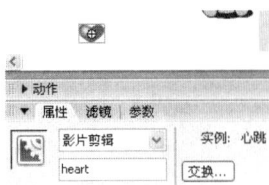

图 8.33　给影片剪辑实例命名　　　　　图 8.34　帧动作设计

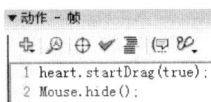

注意 ZHU YI　　如果没有 true，对象与鼠标光标之间，有一定的距离。
也可以这么写：startDrag("heart",true);

9）在场景中，选中"影片剪辑"实例，添加如图 8.35 所示的内容。

图 8.35　给影片剪辑对象添加动作

注意 ZHU YI　　按下鼠标左键，心随鼠标移动，且光标隐藏。
松开鼠标左键，心停在原来的位置，光标显示。

思考与尝试

1）三大元件中，哪个元件不能直接添加 Action 动作？
2）交互的 Action，有哪些固定格式？

任务六　实例五：花开花落

知识一　效果说明

移动鼠标时，一朵朵鲜花开始绽放，然后又慢慢凋谢，给人一种花开花落的感觉。

知识二　设计思路

1）综合应用多种动画技术，制作出花开花落过程的影片剪辑。
2）利用帧动作控制影片剪辑不自动播放。

3）利用按钮动作通过鼠标控制影片剪辑播放。

知识三　制作步骤

操作步骤

1）新建一个空白文档，设置影片宽度、高度分别为 400 ，帧频为 10 帧每秒，如图 8.36 所示。

图 8.36　文档属性设置

2）单击菜单"插入"、"新建元件"，名称为" bt "，行为为"按钮"，如图 8.37 所示。

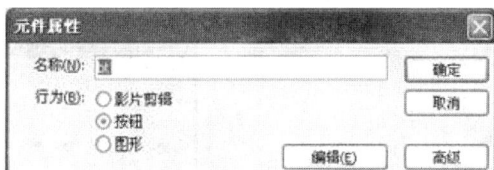

图 8.37　按钮元件制作

3）在按钮的编辑区，选择"图层 1"的"点击"帧，单击右键，选择"插入空白关键帧"，然后利用工具中的"椭圆"工具绘制一个正圆，颜色大小自定，时间轴如图 8.38 所示。

图 8.38　按钮元件制作

4）鼠标单击左上方的"场景 1"返回场景。

5）单击菜单"插入"、"新建元件"，名称为"flower"，行为为"影片剪辑"，如图 8.39 所示。

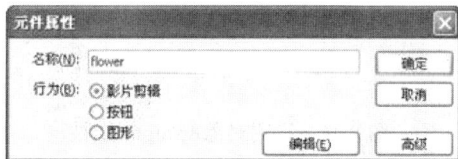

图 8.39　影片剪辑元件制作

6）在影片剪辑的编辑区，按下 Ctrl＋L 组合键，打开图库，将刚才创建的按钮元件

"bt"拖入编辑区，放置在编辑区的正中，自动为图层 1 的第 1 帧。

7）鼠标在图层 1 的第 2 帧处单击右键，选择"插入空白关键帧"，利用工具中的"椭圆"工具绘制一个椭圆，如图 8.40 所示。

其中，椭圆的填充颜色采用如图 8.41 所示的颜色效果。

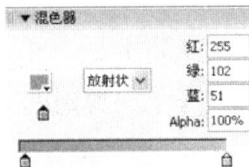

图 8.40　绘制椭圆　　　　　　　　　　图 8.41　混色器颜色调制

8）在时间轴的第 15 帧处，单击鼠标右键，选择"插入关键帧"，然后利用工具中的"任意变形"工具，将该帧椭圆的中心移到最下方，如图 8.42 所示。

9）单击菜单"窗口"、"设计面板"、"变形"，设置旋转角度为"30"，如图 8.43 所示。

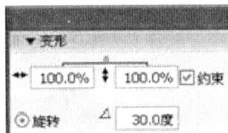

图 8.42　修改元件对象的中心位置　　　图 8.43　设置对象的旋转角度

10）连续单击"变形"对话框右下方的"复制并应用变形"按钮，直到出现如图 8.44 所示的图形为止。

11）在时间轴的第 16 帧单击鼠标右键，选择"插入关键帧"，然后利用菜单"修改"、"转换为元件"，将该帧的对象转换为"图形"元件 flower2，如图 8.45 所示。

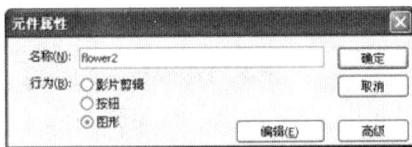

图 8.44　利用复制产生规则图案　　　　图 8.45　元件转换

12）在时间轴的第 30 帧单击鼠标右键，选择"插入关键帧"，然后在编辑区将该帧的对象选中，设置 Alpha 的值为 0 %，如图 8.46 所示。

图 8.46　设置对象的 alpha 属性

13）选择时间轴的第 2 帧，在属性栏中设置"补间"为"形状"，如图 8.47 所示。

14）选择时间轴的第 16 帧，在属性栏中设置"补间"为"动作"，如图 8.48 所示。

图 8.47 设置补间动画

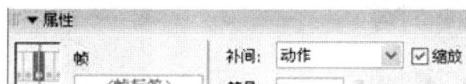

图 8.48 设置补间动画

15）增加一个图层，自动命名为"图层 2"。

16）鼠标单击图层 2 的第 1 帧，在下方的"动作"、"帧"中输入图 8.49 所示的代码。

17）鼠标选中图层 1 的第 1 帧，然后在编辑区中选中该帧的图形，在下方的"动作——按钮"中输入图 8.50 所示的代码。

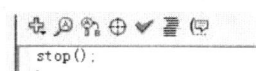

图 8.49 添加帧动作

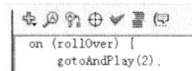

图 8.50 给按钮添加动作

18）时间轴最后如图 8.51 所示。

19）单击左上方的"场景 1"，返回场景。

20）按下 Ctrl＋L 键，打开图库，将电影剪辑 flower 拖入场景中，重复多次，如图 8.52 所示。

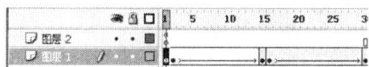

图 8.51 时间轴的最终设置效果

图 8.52 场景窗口的设计界面

21）按 Ctrl＋Enter 键，测试影片，当鼠标掠过的时候，产生花开花谢的效果。确定无误后，保存文件。

思考与尝试

（1）花团锦簇

1）如图 8.53 所示，基本制作方法与步骤同上。

2）动画设计时，将影片剪辑拼合的图案更美观更有规律即可。

（2）满园春色

1）如图 8.54 所示，基本效果同上。

2）在原来制作的基础上，添加一个底层，绘制出一些静态的图案。

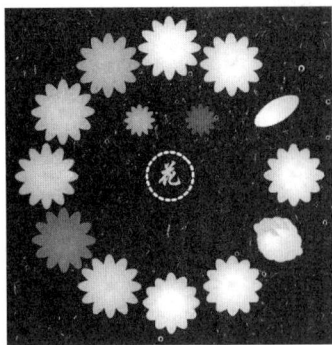

图 8.53　效果参考图

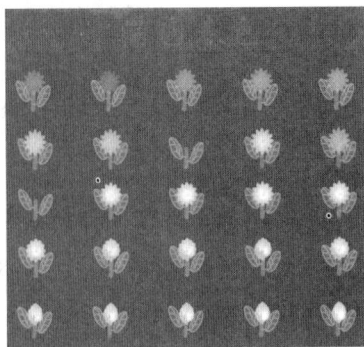

图 8.54　效果参考图

任务七　实例六：星光灿烂

知识一　效果说明

移动鼠标时，星光闪烁，效果参考图如图 8.55 所示。

图 8.55　效果参考图

知识二　设计思路

本课时是对上课时（花开花落）的深化，依旧需要三大元件与 Action 语句的综合应用，但是，在星光闪烁的效果上，着重体现 Alpha 与色调设置在图形和电影剪辑元件上的应用。通过这个课时的学习，希望大家能够将以前所学的简单效果应用到复杂动画中，加深理解和掌握。

知识三　制作步骤

操作步骤

1）新建一个空白文档，设置影片宽度、高度分别为 400 ，帧频为 10 帧每秒，如图 8.56 所示。

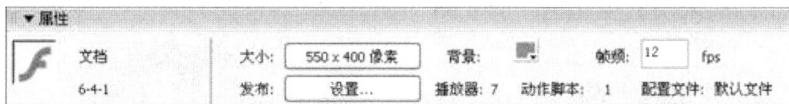

图 8.56　文档属性设置

2）单击菜单"插入"、"新建元件"，名称为"star1"，行为为"图形"，如图 8.57 所示。

图 8.57　元件制作

3）在"图层1"的第 1 帧，利用工具中的"椭圆"工具绘制一个椭圆，如图 8.58 所示。

4）增加一个图层 2。

5）选中图层 1 第 1 帧的对象，菜单"编辑"、"复制"。

6）选中图层 2 的第 1 帧，菜单"编辑"、"粘贴到当前位置"。

7）菜单"修改"、"变形"、"顺时针旋转 90 度"，结果如图 8.59 所示。

图 8.58　星光制作 1

图 8.59　星光制作 2

8）增加一个图层，自动命名为图层 3 。

9）菜单"编辑"、"粘贴到当前位置"，然后利用工具中的"任意变形"工具将椭圆旋转并缩小，如图 8.60 所示。

10）增加一个图层，自动命名为图层 4 。

11）菜单"编辑"、"粘贴到当前位置"，然后利用工具中的"任意变形"工具将椭圆旋转并缩小，如图 8.61 所示。

图 8.60   星光制作 3

图 8.61   星光制作 4

12）增加一个图层，自动命名为图层 5 。

13）利用工具中的"椭圆"工具绘制一个正圆，最后效果如图 8.62 所示。
其中，正圆所采用的填充色如图 8.63 所示。

图 8.62   星光制作 5

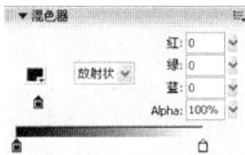

图 8.63   混色器调色

14）单击左上方的"场景 1"，返回场景。

15）单击菜单"插入"、"新建元件"，名称为"star2"，行为为"按钮"，如图 8.64
所示。

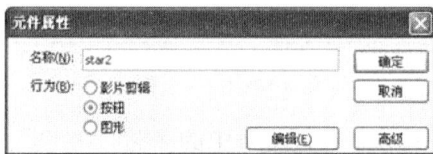

图 8.64   元件制作

16）在按钮的编辑区，选择"图层 1"的"点击"帧， 单击右键，选择"插入空白
关键帧"，然后从图库中将刚才建立的图形元件拖入，时间轴如图 8.65 所示。

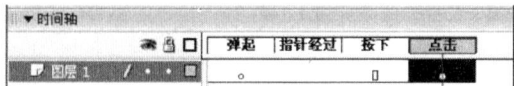

图 8.65   按钮制作

17）鼠标单击左上方的"场景 1"返回场景。

18）单击菜单"插入"、"新建元件"，名称为"star3"，行为为"影片剪辑"，如
图 8.66 所示。

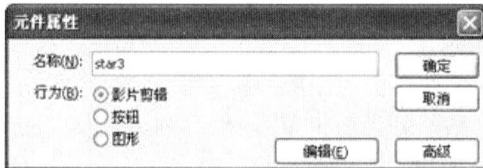

图 8.66   元件制作

19）在影片剪辑的编辑区，按下 Ctrl＋L 键，打开图库，将刚才创建的按钮元件" star2 "拖入编辑区，放置在编辑区的正中，自动为图层 1 的第 1 帧，如图 8.67 所示。

20）鼠标在图层 1 的第 2 帧处单击右键，选择"插入空白关键帧"，然后从图库中将图形元件 star1 拖入到编辑区的正中，如图 8.68 所示。

图 8.67 元件实例使用 　　　　图 8.68 元件实例使用

21）在时间轴的第 25 帧处，单击鼠标右键，选择"插入关键帧"，然后在编辑区将该帧的对象选中，设置 Alpha 的值为 0 %，如图 8.69 所示。

图 8.69 对象 alpha 属性设置设置

22）选择时间轴的第 2 帧，在属性栏中设置"补间"为"动作"，如图 8.70 所示。

图 8.70 设置补间动画

23）增加一个图层，自动命名为"图层 2"。

24）鼠标单击图层 2 的第 1 帧，在下方的"动作"、"帧"中输入图 8.71 所示的代码。

25）鼠标单击图层 2 的第 25 帧，在下方的"动作"、"帧"中输入图 8.72 所示的代码。

```
stop();
```
图 8.71 添加帧动作 　　　

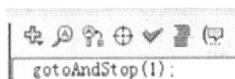

```
gotoAndStop(1);
```
图 8.72 添加帧动作

26）鼠标选中图层 1 的第 1 帧，然后在编辑区中选中该帧的图形，在下方的"动作"、"按钮"中输入图 8.73 所示的代码。

27）时间轴最后如图 8.74 所示。

```
on (rollOver) {
    gotoAndPlay(2);
```

图 8.73　给按钮添加动作

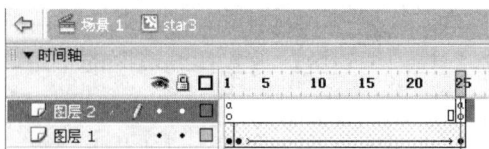

图 8.74　star3 的子场景设置

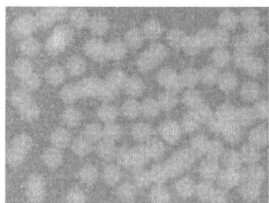

28）单击左上方的"场景 1"，返回场景。

29）按下 Ctrl＋L 键，打开图库，将电影剪辑 star3 拖入场景中，重复多次，如图 8.75 所示。

30）增加一个图层 2，利用工具中的"文本"工具输入"星光灿烂"，文字大小、颜色自定。

31）按 Ctrl＋Enter 键，测试影片，当鼠标掠过的时候，产生星光闪烁的效果。

图 8.75　场景窗口设置

思考与尝试

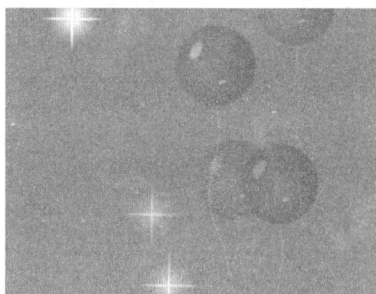

图 8.76　效果参考图

1）如图 8.76 所示，基本的制作方法与步骤同上。

2）影片剪辑除了背景的星光外，气球的飘飞也是用相同的方法制作。

任务八　实例七：提示跟随

知识一　效果说明

光标移动到任何一个设备上，都会出现相应的名称信息，并且名称信息会跟随鼠标移动。当光标移出设备，则名称提示信息就会消失。

知识二　设计思路

1）将各个卡通对象创建为"影片剪辑"元件（最好事先做成图形元件）。

2）信息框的位置由光标的位置决定。

3）光标离开设备，就隐藏信息框。

知识三　制作步骤

操作步骤

1）新建一个空白文档，设置场景的大小与背景，如图 8.77 所示。

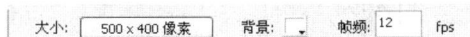

大小：500 x 400 像素　背景：　帧频：12　fps

图 8.77　文档属性设置

2）依次制作各种卡通造型的图形元件，然后依次制作成对应的"影片剪辑"元件。

注意　卡通造型也可以用导入图片的方式导入。如图8.78所示。

3）制作一个用于提示信息的"影片剪辑"——信息框。

4）影片剪辑"信息框"的内容：背景图形+动态文本框 info，如图 8.79 所示。

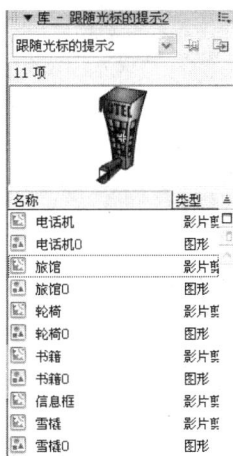

图 8.78　元件制作　　　图 8.79　信息提示框元件设计

5）返回场景，从图库中将各元件拖入到场景，并合理安排位置与大小，如图 8,80 所示。

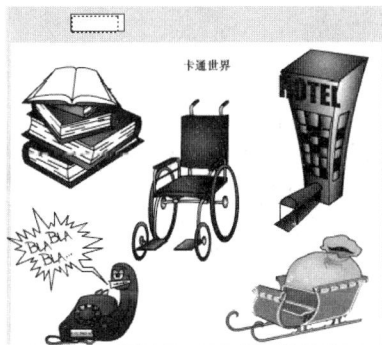

图 8.80　动画场景中对象位置安排

6）给"信息框"的实例对象命名，如图 8.81 所示。

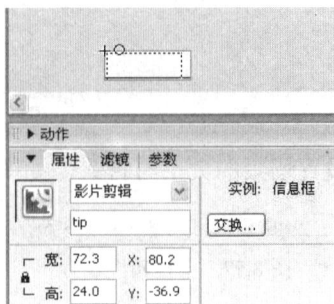

图 8.81　给对象命名

7）选中一个卡通造型的实例对象，如电话机、轮椅等，添加如图 8.82 所示动作。

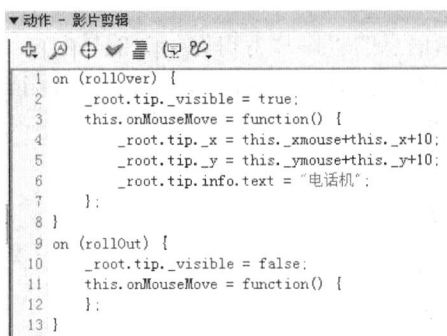

图 8.82　给影片剪辑对象添加动作

注意 ZHU YI　不同的影片剪辑对象，包含不同的文字信息。

思考与尝试

1）信息框在什么状态下显示，什么状态下隐藏？
2）信息框的位置如何确定的？
3）信息框的内容如何获得的？

任务九　实例八：网络时代

知识一　效果说明

玻璃珠之间顺次相连，当鼠标拖动任意一颗珠子时，相连的线也随之移动，如同被网住一般。

知识二　设计思路

1）创建"影片剪辑"类型的元件，绘制玻璃珠。

2）定义鼠标按下可以拖动对象，鼠标释放后停止拖动。

3）自定义一个函数，在五个玻璃珠之间连线。

4）作品要求：

① 以个体为单位独立完成。

② 自己制作，但不允许重复。

③ 下课前上传到网络。

知识三　制作步骤

操作步骤

1）新建文档，设定场景大小。

2）新建一个"影片剪辑"元件 ball，类似以前制作的图标，如图 8.83 所示。

图 8.83　元件制作

3）返回场景。

4）从图库中将"影片剪辑"元件拖入场景，并调整大小与位置。通过设置"色调"使各个实例产生不同的外观色彩，如图 8.84 所示。

图 8.84　对元件实例进行"色调"的设置

5）依次选中实例，分别命名，如图 8.85 所示。

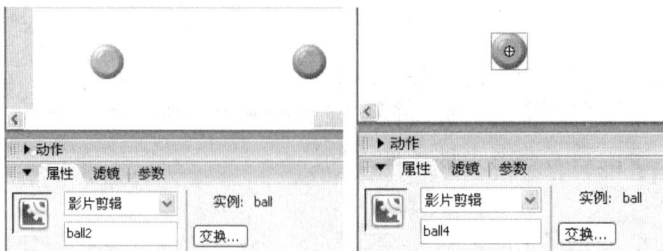

图 8.85　给每个对象实例命名

6）在"动作"、"帧"中添加如下 Action，如图 8.86 所示。

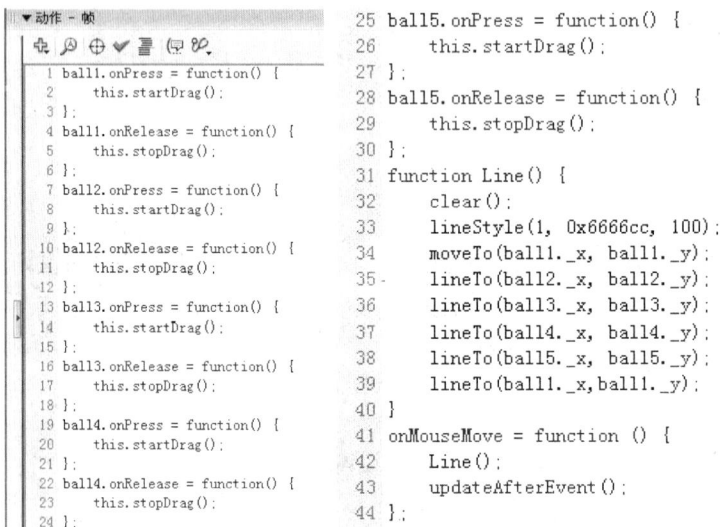

```
1  ball1.onPress = function() {
2      this.startDrag();
3  };
4  ball1.onRelease = function() {
5      this.stopDrag();
6  };
7  ball2.onPress = function() {
8      this.startDrag();
9  };
10 ball2.onRelease = function() {
11     this.stopDrag();
12 };
13 ball3.onPress = function() {
14     this.startDrag();
15 };
16 ball3.onRelease = function() {
17     this.stopDrag();
18 };
19 ball4.onPress = function() {
20     this.startDrag();
21 };
22 ball4.onRelease = function() {
23     this.stopDrag();
24 };
25 ball5.onPress = function() {
26     this.startDrag();
27 };
28 ball5.onRelease = function() {
29     this.stopDrag();
30 };
31 function Line() {
32     clear();
33     lineStyle(1, 0x6666cc, 100);
34     moveTo(ball1._x, ball1._y);
35     lineTo(ball2._x, ball2._y);
36     lineTo(ball3._x, ball3._y);
37     lineTo(ball4._x, ball4._y);
38     lineTo(ball5._x, ball5._y);
39     lineTo(ball1._x, ball1._y);
40 }
41 onMouseMove = function () {
42     Line();
43     updateAfterEvent();
44 };
```

图 8.86　给每个影片剪辑对象添加动作

思考与尝试

1）function 的格式如何？
2）影片剪辑直接被拖动，怎么设置？
3）下面的效果，你会调试出来吗？

任务十　实例九：海底鱼群

知识一　效果说明

马戏团的演出总是很受欢迎，因为演员都是动物，而且是很凶猛的那种动物。如果海洋中也有一个类似的我们称之为"鱼戏团"的，给我们表演一些很特殊的节目，是不是很有趣？那么，这个效果会是什么呢？点击鼠标，10 条鱼以不同的大小、在不同的地点，以随机的方式出现并游来游去。

知识二　设计思路

1）制作一个具有游动效果的"鱼"的影片剪辑。

2）利用按钮实现 10 条鱼的复制、随机位置等。

知识三　制作步骤

操作步骤

1）下载并打开文档，设置影片的宽度、高度分别为 500，帧频为每秒 10 帧，如图 8.87 所示。

图 8.87　文档属性设置

2）菜单"插入"、"新建元件"，创建一个名称为"鱼"的电影剪辑元件，如图 8.88 所示。

图 8.88　建立"鱼"的影片剪辑元件

3）在电影剪辑中绘制一条如图 8.89 所示的鱼。

4）菜单"插入"、"新建元件"创建一个名称为"bt"的按钮元件，如图 8.90 所示。

图 8.89　在元件中绘制鱼的图形　　　图 8.90　设计一个交互用的按钮元件

5）在按钮元件的编辑区，选中图层 1 的第 1 帧，即"弹起"帧，用工具中的"椭圆"工具绘制一个正圆，作为按钮的背景，如图 8.91 所示。

6）接着，在图层 1 的第 4 帧，即"点击"帧，插入普通帧，如图 8.92 所示。

图 8.91　按钮形状　　　　图 8.92　按钮设计窗口时间轴状况

7）增加一个图层，自动为图层 2 。

8）在图层 2 的第 1 帧，用工具中的文本工具输入文字"鱼"，如图 8.93 所示。

9）在图层 2 的第 2 帧，即"指针经过"帧，单击鼠标右键，选择"插入关键帧"，然后利用工具中的"任意变形工具"，将文字放大一点点，最后用工具中的"颜料桶"工具给文字换个颜色，如图 8.94 所示。

图 8.93　按钮添加文字  　　　　　　　　图 8.94　设置按钮不同状态的文字显示颜色

10）在图层 2 的第 3 帧，即"按下"帧，单击鼠标右键，选择"插入关键帧"，然后利用工具中的"任意变形"工具，将文字缩小一点点，最后用工具中的"颜料桶"工具给文字换个颜色，如图 8.95 所示。

11）在图层 2 的第 4 帧，即"点击"帧，单击鼠标邮件，选择"插入帧"，最后整个按钮元件的时间轴如图 8.96 所示。

图 8.95　设置按钮不同状态的文字显示 　　　图 8.96　按钮元件的时间轴设计

12）鼠标点击左上方的"场景 1"，返回场景。

13）打开图库，将刚才建立的电影剪辑、按钮元件拖入场景中，如图 8.97 所示。

图 8.97　场景中的对象位置

14）在工作区中选中刚才拖进场景的鱼的元件实例，在下方的属性栏中设置实例名称为"fish"，如图 8.98 所示。

图 8.98　影片剪辑对象的命名

15）在工作区中选择按钮元件实例，然后点击下方的"动作"、"按钮"栏，输入如图 8.99 所示的代码。

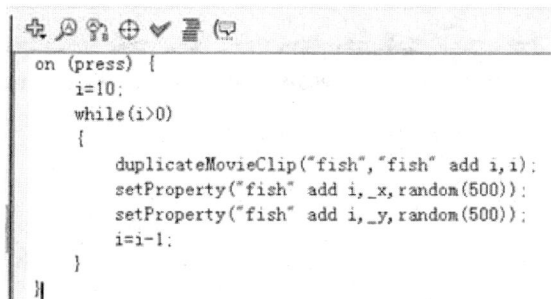

```
on (press) {
    i=10;
    while(i>0)
    {
        duplicateMovieClip("fish","fish" add i,i);
        setProperty("fish" add i,_x,random(500));
        setProperty("fish" add i,_y,random(500));
        i=i-1;
    }
}
```

图 8.99　给按钮添加动作

16）按 Ctrl+Enter 键，测试影片。鼠标每次点击按钮，10 条鱼将随机出现在不同的位置。

17）确定无误后，保存文件。

思考与尝试

光随机也不是什么了不起的事情，显得没有组织，没有系统。下面，我们要让鱼群的表演更有规律——排队，就让它们排队。

1. 直线鱼群

1）如图 8.100 所示，基本制作步骤同上。

2）按钮动作中，针对每次随机数值，相应不同线型的鱼群排列，如图 8.101、图 8.102 所示。

图 8.100　垂直线型鱼群效果参考图

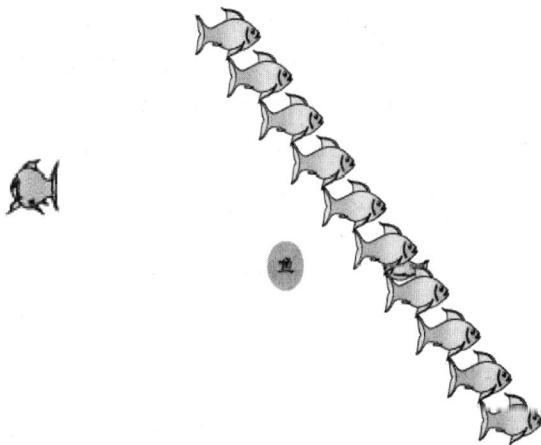

图 8.101　斜线型鱼群效果参考图

图 8.102　水平线型鱼群效果参考图

2. 参考语句

排队，就是行或列，对应到几何坐标里面，就是什么不变什么变，纵坐标 y 的值不变，横坐标不变的话，看看上面的，有什么变化！

```
setProperty("fish"+i,_x,50+50*i);
setProperty("fish"+i,_y,150);
```

3. 过分的要求

如果你想对自己挑战极限，那你再想想，如果希望鱼儿排成两行、三行、四行……怎么办呢？如果你希望鱼儿排成一个圆形、两个圆形……又该怎么办呢？

其实是一样的，关键是你的几何学得怎么样啊？那几个公式，你还记得吗？

习　　题

一、填空题

1. 元件分为三种：_____元件、_____元件、_____元件。其中，用于交互的元件是_____，能独立播放的元件是_____。

2. 要让动画自动播放，应该在_____上添加动作帧；如果希望通过交互实现动画的播放，需要在_____上添加相应的 Action 语句。

二、选择题

Action 语句用于实现 Flash 的交互效果，那么，让动画自动停止播放的函数是（　　），这个 Action 必须在（　　）上设置才能实现预期的效果。 如果希望动画能让用户来控制，必不可少的一个对象是（　　）元件。除此之外，还有一些常用的函数，如随机函数（　　）、对象拖动函数（　　）、获得影片剪辑的当前属性值的（　　），以及跳转并播放函数（　　）。

A．random　　　B．startDrag　　　　　C．stop　　　D．eval　E．getProperty
F．gotoAndPlay　G．duplicateMovieClip　H．alpha　　I．元件
J．图层　　　　　K．时间轴　　　　　　L．影片剪辑　M．图形 N．按钮

三、上机操作题

1. 利用鼠标特效原理，制作 X 光的透视效果动画。
2. 利用随机函数，制作跟随鼠标移动的鸟儿列队飞翔的效果。

项目九

制作 MTV

主要内容

- ◆ 声音的导入、音频基本知识
- ◆ 按钮与声音的结合应用
- ◆ MTV 的制作步骤

学习目的

- ◆ 掌握在动画中添加声音的操作方法以及设置动画声音的各种属性
- ◆ 熟悉 Flash 8 的常用事件和动作
- ◆ 学会制作 MTV 动画

任务一　素材准备工作

Flash MTV 动画，是将 Flash 8 软件中所学到的基础知识，与动画实例相结合的综合应用的具体表现。同时也是将 Flash 8 制作的动画与自己或者朋友喜欢的歌曲及音乐作品的完美组合。

制作一个 MTV 首先准备好了一首自己喜欢的音乐文件，反复认真地理解音乐文件以及歌词内容所要表达的含义，然后大致列出一个提纲，根据你理解所要表达的内容和含义再设计背景、故事情节、角色、氛围和决定动画类型，需要确定所制作 MTV 的类型和观看的对象，在网络中搜集与音乐文件以及歌词内容相近或者相关的素材。注意：一定要将素材准备充分。

本章要制作的 MTV《八荣八耻人人须知》是一首体现社会主义荣辱观的歌曲，歌曲时间全长 1 分 58 秒，本章主要制作的 MTV 只是歌曲的片头部分。

知识一　音乐素材

Flash 为我们提供了大量使用音频的方法，而且它也直接支持最流行的两种声音格式的 WAV 和 MP3 文件。如果系统上安装了 QUICKTIME 4 或更高版本，就都可以导入更多格式的声音文件了。对于简短的音效可以使用 WAV 文件格式，而制作 MTV 歌曲最好使用 MP3 格式，可以提高导入的速度。本章制作的 MTV 歌曲《八荣八耻人人须知》就是使用 MP3 格式。

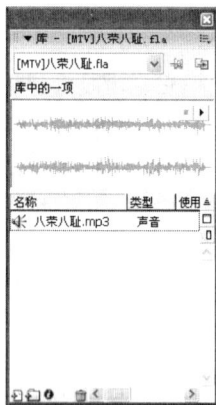

图 9.1　"元件库"面板

1. 音乐的导入

首先应准备好制作 MTV 所需的音乐素材，运行 Flash 8 软件，保存文件名为"[MTV]八荣八耻"，然后选择"文件"、"导入"、"导入到库"命令来选择要导入的文件，将其导入到当前影片的元件库中，从而加入到我们的动画中，如图 9.1 所示。

2. 音乐的引用

单击时间轴上引用音乐的关键帧（第一帧），然后在"属性"面板中设置其属性，步骤如下：

1）从"属性"面板中的"声音"下拉列表框中选择声音文件，如图 9.2 所示。

图 9.2　设置声音属性

2）从"属性"面板中的"效果"下拉列表中选择声音效果，其中默认提供了六种声音效果，如图 9.3 所示。

3）从"同步"下拉列表中选择"数据流"选项。在"重复"中输入一个值，制定声音循环播放的次数，本实例中设置为"1"。若要连续播放，输入一个足够大的数，以便在持续时间内播放声音，如图 9.4 所示。

图 9.3 设置声音效果　　　　图 9.4 声音"属性"面板

知识技能

声音"属性"面板"效果"选项：

　无：不对声音文件应用效果。"选择"此选项将删除以前应用的效果。

　　左声道/右声道：只在左声道或右声道中播放声音。

　　从左到右淡出/从右到左淡出：会将声音从一个声道切换到另一个声道。

淡入：在声音的持续时间内逐渐增加音量。

淡出：在声音的持续时间内逐渐减小音量。

自定义：允许使用"编辑封套"创建自定义的声音淡入和淡出点。有关详细信息，请参阅使用声音编辑控件。

声音"属性"面板"同步"选项：

事件：会将声音和一个事件的发生过程同步起来。事件声音在显示其起始关键帧时开始播放，并独立于时间轴完整播放，即使 SWF 文件停止播放也会继续。当播放发布的 SWF 文件时，事件声音混合在一起。网络传输时必须等声音文件完全下载完毕之后才能开始播放。

开始：与"事件"选项的功能相近，但是如果声音已经在播放，则新声音实例不会播放。

停止：将使指定的声音静音。

数据流：Flash 强制动画和音频流同步。与事件声音不同，音频流随着 SWF 文件的停止而停止。而且，音频流的播放时间绝对不会比帧的播放时间长。当发布 SWF 文件时，音频流混合在一起。网络传输时只要开始数帧的数据下载后就会立即开始播放。

3. 音乐的处理

有时候我们导入的声音并不满足我们的要求，比如文件容量过大，那么这时候就可以通过声音压缩软件进行压缩减肥处理，使最后的动画不至于过大。还有些导入声音时出现"读取文件时出现了问题，一个或多个文件没有导入"这样的提示，有可能 Flash

不支持你所选得声音文件，如果是 MP3 格式声音文件，说明你选择的 MP3 声音文件不是标准格式，同样可以通过音频处理软件把所选的声音文件转换成 Flash 所支持的标准格式文件。

　　导出 SWF 文件时，可以选择单个事件声音的压缩选项，然后用这些设置导出声音。也可以给单个音频流选择压缩选项。但是，文档中的所有音频流都将导出为单个的流文件，而且所用的设置是所有应用于单个音频流的设置中的最高级别。在"声音属性"对话框中选择单个声音的压缩选项。也可以在"发布设置"对话框中为事件声音或音频流选择全局压缩设置。如果没有在"声音属性"对话框中给声音选择压缩设置，那么这些全局设置就会应用于单个事件声音或所有的音频流。

　　采样比率和压缩程度会造成导出的 SWF 文件中声音的品质和大小有很大的不同。声音的压缩倍数越大，采样比率越低，声音文件就越小，声音品质也越差。应当通过实验找到声音品质和文件大小的最佳平衡。

　　右击"库"面板中的声音元件，然后从上下文菜单中选择"属性"，打开"声音属性"对话框，如图 9.5 所示。

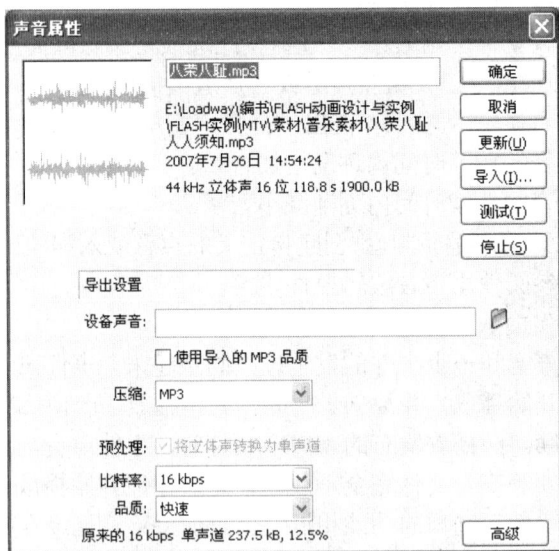

图 9.5　"声音属性"对话框

　　如图 9.5 所示，其中"压缩"选项，可以选择"默认"、"ADPCM"、"MP3"(默认)、"原始"或"语音"。"ADPCM"压缩选项用于设置 8 位或 16 位声音数据的压缩。导出较短的事件声音（如单击按钮）时，请使用 ADPCM 设置；"MP3"压缩选项可以用 MP3 压缩格式导出声音。当导出像乐曲这样较长的音频流时，请使用"MP3"选项，如果要导出一个以 MP3 格式导入的文件，导出时可以使用该文件导入时的相同设置；"原始"压缩选项在导出声音时不进行压缩；"语音"压缩选项使用一个适合于语音的压缩方式导出声音。

知识二 图片素材

1. 矢量图和位图

Flash MTV 最大的特点是能够把图片与音乐做成交互相性很强的动画,Flash 可以导入的图形主要分为矢量图和位图。

目前 Flash 作品以矢量素材为主流,具有体积小,任意缩放都不会影响画质等特点,所以我们尽量采用矢量图。对于初学者或者没有美术基础的人来说,要想手工绘制 Flash MTV 作品中的矢量素材,有一定的难度,所以一般选择别人绘制好的矢量图片来完成比较简单的 Flash MTV。另外也可以在 Flash 中将位图转换成矢量图,只要选中舞台上的图片,执行"修改"、"位图"、"转换位图为矢量图"命令,弹出"转换位图为矢量图"对话框,就可以进行转换设置了,如图 9.6 所示。

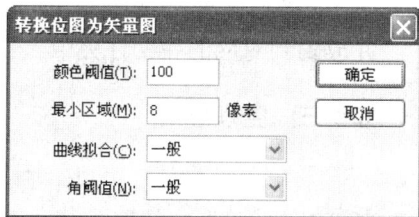

图 9.6 转换位图为矢量图

"颜色阈值"是指位图中相邻的两个像素进行比较后,如果它们在 RGB 颜色值上的差异低于该颜色阈值,则两个像素被认为是同一种颜色。可以输入一个介于 0 和 500 之间的整数值。如果增大了该阈值,则意味着降低了颜色的数量。

"最小区域"用于设置在指定像素颜色时要考虑的周围像素的数量。可以输入一个介于 1 和 1000 之间的整数值,数值越小效果也越清晰,但是转换的速度也越慢。

"曲线拟合"从弹出菜单中选择一个选项,用于确定绘制的轮廓的平滑程度。

"角阈值"从弹出菜单中选择一个选项,以确定是保留锐边还是进行平滑处理。

提 示 将位图转换为矢量图形后,矢量图形不再链接到"库"面板中的位图元件。如果导入的位图包含复杂的形状和许多颜色,则转换后的矢量图形的文件大小会比原来的位图文件大。使用的是较低设置结果更接近原始图像,文件相对来说也越大,使用较高设置图像更为扭曲,但是文件相对比较小。可以通过多次尝试达到你所满意的效果。

如果对 MTV 真实感要求很高,最好使用位图,而且最好不要将其转换为矢量图,因为这样会损失大量的图像信息。Flash 可以导入几乎所有常见的位图格式,包括 JPG、GIF、BMP、PNG、TIF 等位图格式。在网上很容易找到一些图片素材,依照作品的主题、歌曲的内容、情节的表现来选择。在应用位图素材时,图片的像素大小要尽量和作品的场景大小相同,对于过大的图片最好事先在 Photoshop 中调整合适大小并进行适当的压缩处理,这样做能减少文件的体积。使用位图制作的 Flash MTV 文件大多数都是体积都很大，不能完全发挥 Flash 作品短小精悍适于网上传播的特点，所以在将图像导入到 Flash 中前，一定需要对它进行压缩优化，一般不赞成用过多的位图来做 Flash MTV 作品。

图 9.7　元件库管理

2. 图片素材的导入

按照前期要求选择好相关图片素材并做好相关处理之后，然后选择"文件"、"导入"、"导入到库"命令来把这些图片素材导入到 Flash 中，将其导入到当前影片的元件库中，以供后期制作过程使用。

一般情况下，制作一个完整的 Flash MTV 作品会使用到较多的图片，为了便于操作，可以先对元件库做一个简单的归类管理，类似于文件夹管理，比如新建"声音"和"图片"文件夹，如图 9.7 所示。然后再导入图片素材，并放置到对应的库文件夹中。

知识三　整理总结

本节主要介绍了在制作 Flash MTV 过程中需要注意 MTV 的背景音乐选取、与音乐相匹配的角色设计、背景设计和有趣的故事情节及编剧等，以此寻找一些与音乐及主题相匹配的图像素材，因此要设计背景、情节、角色等，考虑清楚后才能有的放矢地去获取素材。

任务二　MTV动画制作

配置文档属性通常是 Flash 创作中的第一步，可以随时更改文档属性，但文档属性是影响整个 Flash 文档的属性，最好在过程的开始做好某些决策，例如舞台的场景大小、帧频和背景颜色等，可以使用"属性"检查器或者打开"文档属性"对话框指定这些设置。

选择"窗口"、"属性"命令或者组合键 Ctrl+F3 可以显示或者隐藏"属性检查器"，如图 9.8 所示。

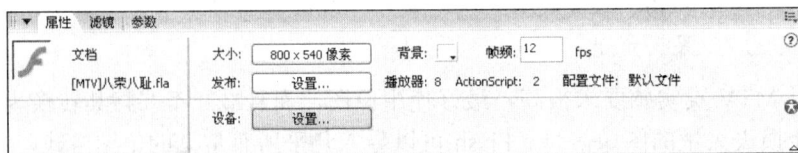

图 9.8　"属性"检查器

选择"修改"、"文档"或者组合键 Ctrl+J 可以打开"文档属性"对话框，如图 9.9 所示。

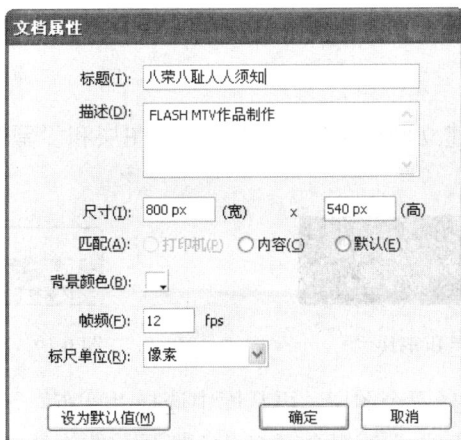

图 9.9　"文档属性"对话框

如图 9.9 所示,本实例设定的场景尺寸大小为 800×540 像素,帧频为 12FPS(Frames Per Second 帧/秒的缩写,也称为帧速率)。具体参数可以根据制作的作品要求来设定。完成这些基本设置后就可以进行具体的 Flash MTV 作品的制作。

Flash MTV 的制作流程主要分为:序幕场景、歌词同步、场景动画和落幕场景这四个步骤。本章以歌曲《八荣八耻人人须知》为例按照以上步骤进行讲解,具体操作步骤如下。

知识一　序幕场景

1. "拉开序幕"动画制作

效果说明:这里介绍一种简单的拉开序幕的效果,由上下两块黑色矩形块分别向上向下缓缓拉开,呈现出舞台背景。

操作步骤

1) 新建一个图形元件,执行"插入"、"新建元件"命令或使用组合键 Ctrl+F8,打开"新建元件"对话框,如图 9.10 所示。输入名称"幕布",类型为"图形",单击"确定"按钮,进入幕布元件 场景1 幕布 编辑。同时打开元件库(Ctrl+L 键),在库中就会有一个"幕布"元件。

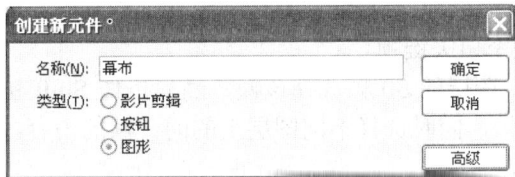

图 9.10　"创建新元件"对话框

2）使用矩形工具 ，在舞台中央随意画出一个无边框的黑色矩形块，如图 9.11 所示，回到主场景。

3）在主场景中分别建立两个图层："幕布上"图层和"幕布下"图层，如图 9.12 所示。

图 9.11　黑色矩形块　　　　　　图 9.12　图层区域效果

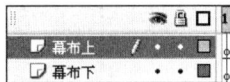

打开元件库，分别选择两个图层，再从库中选择"幕布"元件拖动到主场景对应的图层中。选择"窗口"、"信息"或组合键 Ctrl+I 打开元件信息面板对应元件参数设置如图 9.13 所示。

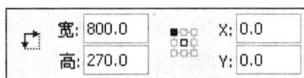

（a）图层"幕布上"矩形元件信息参数　　　（b）图层"幕布下"矩形元件信息参数

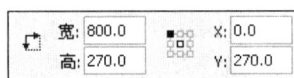

图 9.13　参数设置

4）分别在两个图层的 30 帧处按 F6 键插入关键帧，在 30 帧处修改各图层相关元件的信息参数，"幕布上"图层元件的高设置为 80，"幕布下"图层元件的高也设置为 80，Y 坐标设置为 460。

5）然后分别创建"幕布上"和"幕布下"图层从第 1 帧到第 30 帧的"动作补间动画"，缓动设置为"100（输出）"，其他设置默认。至此一个简单的"拉开序幕"动画完成。按 Ctrl+Enter 组合键测试影片预览效果。

2. "前奏场景"动画制作

效果说明：序幕拉开后，背景淡入舞台，一般情况下此时对歌曲名和演唱者做动画效果。而本实例只对歌名文字"八荣八耻人人须知"和 16 句八荣八耻内容制作动画效果。

操作步骤

1）新建一个图层，命名为"遮幅"，并把该图层拖动到图层面板中的最上方。在该层 31 帧处按 F7 键插入空白关键帧。

2）单击"幕布上"图层的 30 帧选择该帧，然后按住 Shift 键的同时，鼠标再单击"幕布下"图层的 30 帧，同时选择不同图层上的同一帧的内容，或者使用拖动的方法也可以完成。

3）此时在其中一个被选中的元件上右键选择"复制"，复制被选中的元件，再单击"遮幅"图层的 31 帧，在舞台中空白处右键选择"粘贴到当前位置"，这样就实现了宽银幕影片中的遮幅式效果，后面所有动画效果都会被它所遮盖。同时锁定"幕布上"和"幕布下"图层，不需要再对它进行操作了。

4）还可以做一些点缀效果，使用"文字"工具 **A** 在舞台顶部黑色幕布上输入文字"牢固树立社会主义荣辱观"，字体自选，可以上网下载各种式样的字体，不同的字体也会产生不同的页面效果，这里实用的字体是"经典综艺体简"，如图9.14所示。

图 9.14　图层区域效果

5）新建一个图层，命名为"背景"，单击该层31帧处按F7键插入空白关键帧。

6）打开元件库，从库中选择前面导入的背景图片拖动到主场景中，执行"修改"、"转换为元件"命令或者按F8键，打开"转换为元件"对话框，如图9.15所示，输入名称"背景"，类型为"图形"。确定返回到场景中，背景图片变成元件，同时元件库中会多了一个"背景"图形元件。

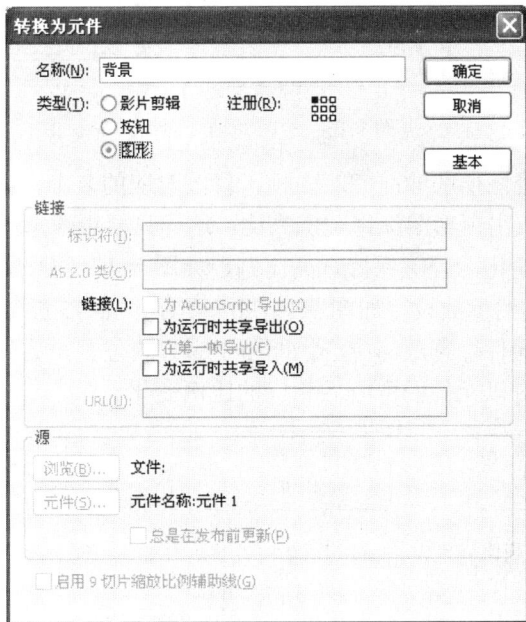

图 9.15　"转换成元件"对话框

7）由于开始设定本实例的场景尺寸大小为 800×540 像素，而前面设置上下两个"遮幅"元件的高度都是 80 像素，剩下中间一大块区域高度为 380 像素，正好背景图片的宽高分别为 800×380 像素，所以设置场景中的"背景"元件的 X 坐标为 0，Y 坐标为 80。

8）单击"背景"层的60帧处按F6键插入关键帧，回到31帧，单击该帧设置"背景"图形元件的透明度 Alpha 值为 0%，然后创建该图层第 31 帧到第 60 帧的"动作补间动画"。

9）新建一个"歌名"图层，在 60 帧处按 F6 键插入关键帧，使用文字工具在背景中的五星红旗下方输入歌名文字"八荣八耻人人须知"，字体为"微软简综艺"，字号"48"。选择文字，执行"修改"、"分离"命令或者按 Ctrl+B 组合键，将这些文字打散，形成 8 个单独的文字，再单独选择每个文字，把它们转化成图形元件，分别命名为"八1"、"荣"、"八2"、"耻"、"人1"、"人2"、"须"、"知"。单击 60 帧处可以同时选择这 8 个字，右键选择"分散到图层"命令，这时就会多形成了 8 个图层，分别会以 8 个元件文字名命名图层，还会在这 8 个图层的第一帧形成一个关键帧。此时"歌名"图层就不存在任何有内容的关键帧，即可删除该图层。

10）同时选择(9)中所形成的 8 个图层的第一帧，把它们拖动到第 60 帧，再分别选中这 8 个图层的 75 帧和 80 帧，按 F6 键插入关键帧，然后在这些图层的第 60 帧到第 75 帧和第 75 帧到第 80 帧创建"动作补间动画"，"时间轴"面板如图 9.16 所示。

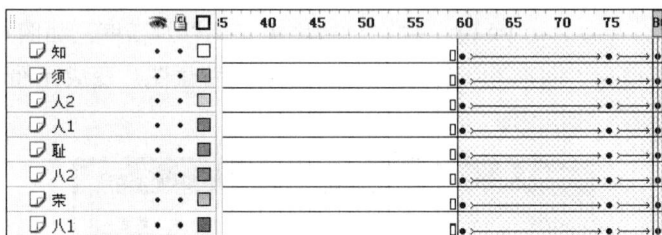

图 9.16　"时间轴"面板

11）分别选择 8 个图层的 60 帧和 75 帧，修改对应的 8 个文字的大小，选择元件，打开"属性"面板，双击锁形图标锁定宽高比，这样只要更改宽高中其中一个参数，另外一个参数也会发生变化，且能保持宽高比例，如图 9.17（a）所示。再打开"信息"面板，第 60 帧处元件的参数设置如图 9.17（b）所示。第 75 帧处元件的参数设置如图 9.17（c）所示。注意元件位置改为中心，即图中黑方块位置，这样更改了宽高后，元件的中心点不变化，同时以元件的中心做相应的比例变化。

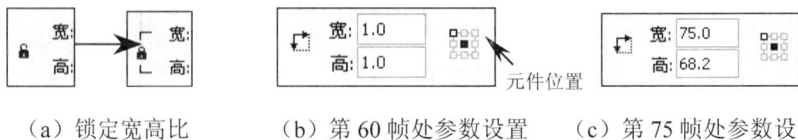

（a）锁定宽高比　　（b）第 60 帧处参数设置　　（c）第 75 帧处参数设置

图 9.17　设置

12）至此，这个 8 个图层的文字是同步进行产生动画效果的，比较单调。为了产生一定的参差波动的效果，可以把各个图层的动画帧做一个简单的偏移，偏移量为 5 个帧，完成后，在当前状态下，给对应元件的最后一个有效帧（当前为 115 帧）处插入帧，"时间轴"面板如图 9.18 所示。动画运行过程效果如图 9.19 所示。

13）在"遮幅"层下再新建一个图层，名为"闪烁歌名"，在第 115 帧处按 F6 键插入关键帧，再分别复制前面 8 个歌名文字图层的最后一个关键帧的元件，粘贴这些元件到图层"闪烁歌名"的第 115 帧的当前位置，即粘贴时选择"粘贴到当前位置"，这样就可以保持这些粘贴后的文字元件与前面动画中的文字位置重合。这样在图层"闪烁歌名"的第 115 帧中就会有 8 个文字元件，即"八 1"、"荣"、"八 2"、"耻"、"人 1"、"人 2"、"须"、"知"，单击 115 帧选择这些元件，按 F8 键把它们转化成元件，名称为"闪烁文字"，类型为"影片剪辑"。

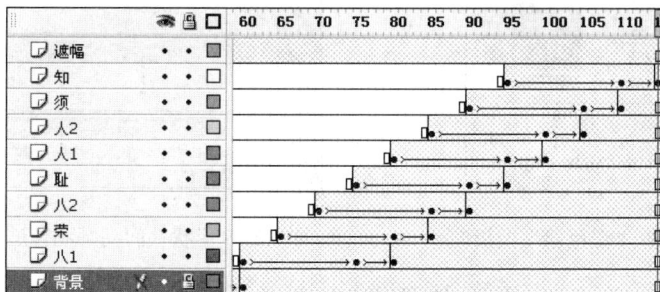

图 9.18　歌名文字效果"时间轴"面板

图 9.19　歌名文字动画效果

14）进入新生成的"闪烁文字"元件进行编辑，修改图层名为"文字"，选择图层的第一帧的所有元件，连续执行两次"分离"命令，把元件打散成为简单的形状，"属性"面板如图 9.20（a）所示，其中元件效果如图 9.20（b）所示。

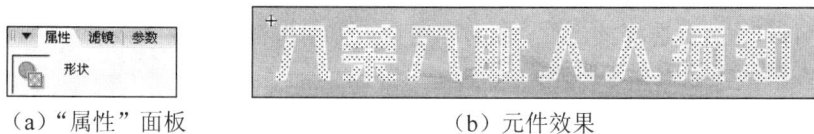

（a）"属性"面板　　　　　　　　　　　（b）元件效果

图 9.20　设置及效果

15）新建一个图层"闪烁物"，放在图层"文字"下方。在工具箱上选择"矩形工具"，执行"窗口"、"混色器"命令或者按 Shift+F9 组合键打开"混色器"面板，单击"填充颜色"图标，选择"线性"类型，设置三色渐变，三色都为白色，左右两边为白色透明度为 0%，其余默认，如图 9.21 所示。在文字"八荣八耻人人须知"左端画出一个矩形，再选择"任意变形"工具 ，调整矩形向右旋转 30 度。在该层的第 20 帧处插入关键帧，修改第 20 帧处的矩形水平向右移动到文字"八荣八耻人人须知"右端，然后创建第 1 帧到第 20 帧的"形状补间动画"，具体过程如图 9.22 所示。

图 9.21 "混色器"面板图

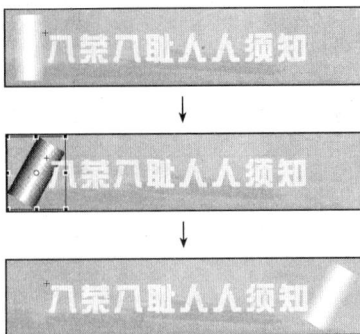

图 9.22   形状补间动画制作过程

16）再在图层"文字"的第 35 帧处插入帧，并设置"文字"图层为遮罩层形成遮罩效果，"时间轴"面板如图 9.23 所示

17）新建一个图层"七字歌"，放在图层"遮幅"下放。在第 115 帧处按 F6 键插入关键帧，使用"文字"工具输入八荣八耻七字歌的文字内容，位置如图 9.24 所示。

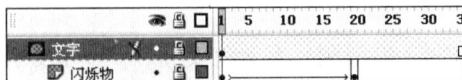

图 9.23   "时间轴"面板

图 9.24   页面布局效果图

18）单击第 115 帧选择七字歌的文字，把它转化成元件，名称为"七字歌"，类型为"影片剪辑"。然后选择该元件，执行"窗口"、"动作"命令或者按 F9 键打开"动作"面板，在编辑区内输入如下脚本：

脚本说明：这是一段影片浮动效果的代码，更多信息可参照 Flash 的动作脚本语言 AS2.0。

```
onClipEvent(load){
    x=_x;
    ang=0;
}//动画载入是设定相关的初始值
onClipEvent(enterFrame){
    _x=(x+20*Math.sin((ang=ang+0.092)));
}//进入帧时重复执行代码，形成左右浮动的效果
```

19）在图层的最上方新建一个图层"播放"，并制作一个"播放"按钮，放置于右

下角，具体效果如图 9.25 所示。然后在舞台主场景中选择该按钮，执行"窗口"、"动作"命令或者按 F9 键打开"动作"面板，在编辑区内输入如下脚本：

```
on (release) {
    play();
}//按钮单击释放后开始播放动画。
```

弹起状态　　　　指针经过状态　　　　按下状态

图 9.25　播放按钮的三种状态效果图

20）在图层的最上方新建一个图层"AS"，在第 115 帧处按 F6 键插入关键帧，并添加帧动作脚本"stop();"，这样测试影片时，动画播放到这一帧是就停止不再播放了。至此第一个步骤工作已经完成。

知识二　歌词同步

MTV 作品在播放音乐的同时显示歌词几乎已经成为一条定律，因此音乐播放与歌词的同步也成为制作 FLASH MTV 作品的关键问题。

1. 确定 MTV 中的音乐播放长度

首先在元件库中，选择已导入的声音元件，打开"声音属性"对话框可以看到声音文件的时间 118.8s，而本实例设定的动画帧频是 12FPS（每秒 12 帧），这样计算处整个歌曲所需要的帧数为：12×118.8=1425.6。

操作步骤

1）在图层"AS"下方新建图层"音乐"，单击第 116 帧按 F6 键插入关键帧。然后从"属性"面板中的"声音"下拉列表框中选择声音文件，参数设置要求参见图 9.4。由于在第一个步骤中已经使用了 115 帧，所以本实例中声音的结束的帧位置在 115+1425.6=1540.6 帧。

2）在 Flash 时间轴上，从当前操作的最后一个有效帧开始，预留未使用的最大帧数约为 560 左右，也即水平滚动条中滑块的移动的最大范围。因此，可以先移动滑块到最右边，选中最右边的一帧，按 F5 键插入帧，此时滑块会跳到水平滚动条的中间，再移动滑块到最右边，如此循环操作，直到选中 1540 帧，再按 F5 键插入帧。

2. 确定歌词的位置

前面在声音"属性"面板中的同步选项已经选择"数据流" 选项，动画和音频是同步播放的，根据这一特点可以实现逐帧试听进行校对，记录每句歌词开始和结束的帧位置。则在场景主时间轴中的音乐所在帧范围内按下 Enter 键来播放当前帧所在的声音，当声音播放到一定的帧按 Enter 或 Esc 键可以使播放停止，此时可以记录对应的歌词的位置，然后再按 Enter 键继续播放，直到音乐中的所有歌词位置都记录完毕。

操作步骤

1）进过试听校对，这首歌曲中所有歌词对应的帧号如下：

第 116 帧至第 218 帧是前奏；	第 219 帧至第 244 帧的歌词是"什么是荣"；
第 245 帧至第 270 帧的歌词是"什么是耻"；	第 271 帧至第 321 帧的歌词是"八荣八耻人人须知"；
第 322 帧至第 372 帧的歌词是"讲道德树新风"；	第 373 帧至第 449 帧的歌词是"从我做起用行动落实"；
第 450 帧至第 501 帧的歌词是"以热爱祖国为荣"；	第 502 帧至第 551 帧的歌词是"以危害祖国为耻"；
第 552 帧至第 603 帧的歌词是"以服务人民为荣"；	第 604 帧至第 655 帧的歌词是"以背离人民为耻"
第 656 帧至第 680 帧的歌词是"以崇尚科学为荣"；	第 681 帧至第 702 帧的歌词是"以愚昧无知为耻"
第 703 帧至第 759 帧的歌词是"以辛勤劳动为荣"；	第 760 帧至第 808 帧的歌词是"以好逸恶劳为耻"
第 809 帧至第 860 帧的歌词是"以团结互助为荣"；	第 861 帧至第 910 帧的歌词是"以损人利己为耻"
第 911 帧至第 963 帧的歌词是"以诚实守信为荣"；	第 964 帧至第 1014 帧的歌词是"以见利忘义为耻"
第 1015 帧至第 1036 帧的歌词是"以遵纪守法为荣"；	第 1037 帧至第 1061 帧的歌词是"以违法乱纪为耻"
第 1062 帧至第 1117 帧的歌词是"以艰苦奋斗为荣"；	第 1118 帧至第 1163 帧的歌词是"以骄奢淫逸为耻"
第 1164 帧至第 1247 帧的歌词是"音乐间奏"；	第 1248 帧至第 1273 帧的歌词是"什么是荣"
第 1274 帧至第 1299 帧的歌词是"什么是耻"；	第 1300 帧至第 1350 帧的歌词是"八荣八耻人人须知"
第 1351 帧至第 1401 帧的歌词是"讲道德树新风"；	第 1402 帧至第 1491 帧的歌词是"从我做起用行动落实"

2）在图层"音乐"上新建新图层，命名为"歌词位置"，根据(1)中所得到的各段歌词所在帧的位置，再在每段歌词的开始和结束帧中添加一个关键帧。单击歌词开始时间的关键帧，打开"属性"面板，在"帧"标签中填入歌词。例如：第一句歌词开始帧是 219 帧，则单击 219 帧，在"属性"面板中的"帧"标签填入歌词"什么是荣"，如图 9.26 所示。

3）这样"时间轴"面板中"歌词位置"图层的第 219 帧就会出现该段歌词的注释，如图 9.27 所示。按照第 2 步的做法，为其他歌词开始时间的关键帧都添加对应的歌词帧标签。

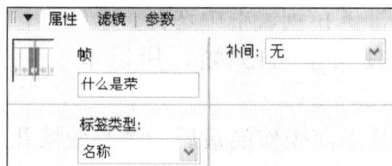

图 9.26　"属性"面板中的帧标签

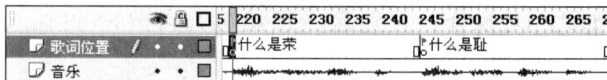

图 9.27　"时间轴"面板中的歌词注释

4）选择图层"歌词位置"，在该图层上方插入新图层，命名为"歌词字幕"。在添加歌词之前，分别在"遮幅"和"背景"图层的第 1530 帧处按 F5 插入帧，这样添加歌词的时候可以有一个参照物，能够更有效的确定歌词的位置。这里将歌词字幕显示在舞台下方的遮幅上，并保持与音乐同步，可以参照"歌词位置"图层中所设定的各段歌词的开始帧。

5）在"时间轴"面板上的"歌词位置"图层中，根据歌词帧标签找到第一句歌词开始时间的关键帧219帧，再在"歌词字幕"图层的对应帧上按 F6 插入关键帧，在舞台下方的遮幅上使用文字工具输入第一句歌词"什么是荣"，要求文字居中对齐，歌词字幕文字的中心位置如图 9.28 所示。设置后面的歌词时都以这个位置为中心，可以保证前后一致。

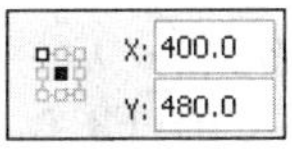

图 9.28　"信息"面板中的歌词字幕的中心位置

6）重复第 5 步的操作，找到各段歌词开始时间的关键帧，再在"歌词字幕"图层的对应帧上插入关键帧，修改为各段歌词的字幕，直到最有一句歌词。

7）完成如上操作以后，在分别再每句歌词的结束帧按 F7 插入空白关键帧。至此歌词同步的工作。下面就可以进行具体的场景动画的创作。

> 提　示　本例对歌词只是做了一个简单的切换过度，当然也可以根据前面所学的一些文字特效给歌词制作动画效果，例如："淡入淡出"、"形状变化"、"旋转飞入"、"移进移出"、"放大后淡出"等效果。使得歌词的过渡变得更加丰富多彩，请读者自己尝试。

知识三　场景动画

1. 动画制作一

操作步骤

1）在图层"遮幅"下插入图层文件夹，在图层文件夹中插入七个新图层，由上到下依次命名为"MASK"、"左下进图片"、"右上进图片"、"人人须知"、"八荣八耻"、"（耻）"、"（荣）"。

2）按 Ctrl+F8 组合键新建两个元件，名称分别为"（荣）"、"（耻）"，类型为"影片剪辑"，效果如图 9.29 所示。其中背景圆直径长为 150，文字大小为 100。

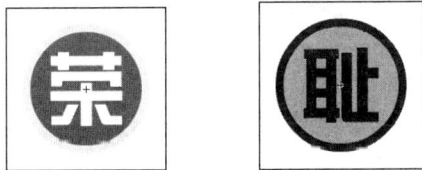

图 9.29　元件效果图

3）回到主场景，分别在图层"（荣）"第 219 帧和图层"（耻）"的第 245 帧插入关键帧，然后分别从库中拖动元件"（荣）"、"（耻）"到对应的图层上，对应的坐标为："荣"的 X 坐标 200，Y 坐标 270；"耻"的 X 坐标 600，Y 坐标 270。在图层"（荣）"

的第 244 帧和"（耻）"的第 270 帧插入关键帧，创建图层"（荣）"的第 219 帧到 244 帧和图层"（耻）"的第 245 帧到 270 帧的"动作补间动画"。修改图层"（荣）"第 219帧和图层"（耻）"的第 245 帧对应的元件大小位置：宽高都为 800，X、Y 坐标都为 0，透明度均为 0%，形成淡入效果。然后再在第 280 帧到第 304 帧设置淡出效果。

4）按 Ctrl+F8 组合键新建两个元件，名称分别为"人人须知"、"八荣八耻"，类型为"影片剪辑"，然后再纵向的输入文字"人人须知"、"八荣八耻"，字体的字号为 36，颜色为白色。把这两个元件到对应图层的第 270 帧，对应的坐标为："八荣八耻"的 X坐标 350，Y 坐标 180；"人人须知"的 X 坐标 450，Y 坐标 360。创建第 270 帧到第293 帧的"动作补间动画"，设置淡入效果。在第 313 帧到第 330 帧设置淡出效果。

5）按 Ctrl+F8 组合键新建两个元件，名称分别为"左下进"、"右上进"，类型为"影片剪辑"。导入相关素材图片到元件库中，再把这些图片放到这两个元件中，并修改所有的图片的大小，高度改为 100，保持纵横比，效果如图 9.30 所示。

左下进

右上进

图 9.30　元件效果图

6）在图层"左下进图片"、"右上进图片"制作图片滚动效果，左下角的图片从左边淡入向右移动，到结束时向右淡出，而右上角的图片从右边淡入向左移动，到结束时向左淡出。图层"左下进图片"中的元件的 Y 坐标 340，图层"右上进图片"中的元件的 Y 坐标 200。在第 313 帧到第 338 帧为淡入过程，在第 428 帧到第 449 帧为淡出过程。

7）在图层"MASK"中，画出左下角和右上角两个遮罩物，具体设置如图 9.31 所示。高度应该大于图 9.30 中的图片的高度 100。然后设置成"遮罩层"，再把图层"左下进图片"、"右上进图片"设置成"被遮罩"，图层区域效果如图 9.32 所示。

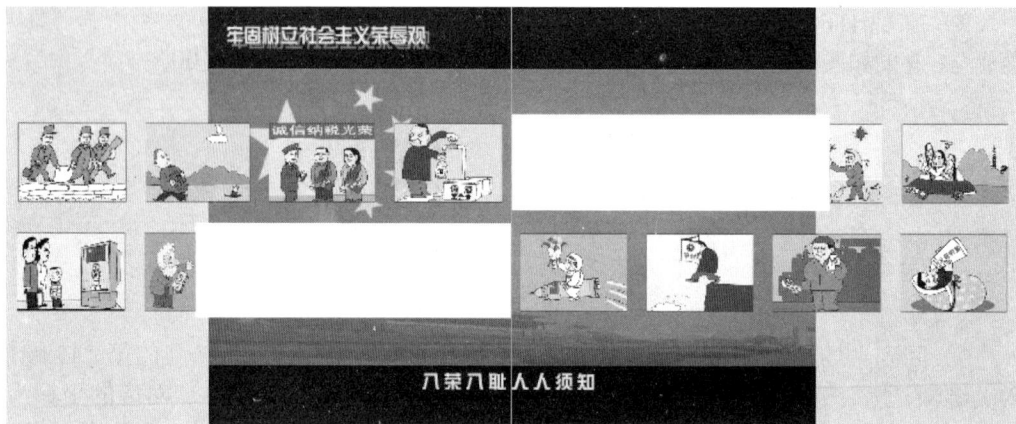

图 9.31　遮罩物的位置效果图

图 9.32　图层区域效果

2．动画制作二

操作步骤

1）在图层文件夹"动画制作一"上新建图层文件夹"动画制作二"，在图层文件夹中插入若干个新图层，由上到下依次命名为"图片 1"、"图片 2"、"图片 3"、"图片 4"……

2）在图层"图片 1"的第 450 帧，从"库"面板中拖入素材图片，并把它转换成影片剪辑元件"图片 1"，再把图片元件设置成"动作补间动画"，从左下角开始向右上角移动并缩小，大图宽 350 高 250，小图宽 70 高 50。使用同样的方法，紧跟着前一图层的动画的结束帧开始做同样的动画，场景效果图如图 9.33 所示。

3）另外可以在大图出现的时候产生一个快速淡入的效果，缓动为"-100（输入）"，速度由慢到快，使得视觉效果更有冲击力。同时在右上角的小图应该是对齐分布，可以执行"窗口"、"对齐"命令或按 Ctrl+K 组合键打开"对齐"面板（如图 9.34 所示）进行调整。

4）同样左下角也可以制作同样的动画效果。其他剩余的音乐部分可以按照歌词的内容和前期安排的情节，采用前面章节中所介绍的文字和图片动画制作方法来完成，动画效果主要有：由大到小的变化、旋转放大和中心向四周扩展的遮罩动画等。

图 9.33　舞台场景效果

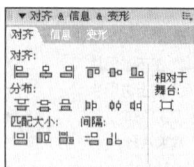

图 9.34 "对齐"面板

知识四　落幕场景

Flash MTV 的落幕都比较简单，只要在"AS"图层的最后一帧添加帧动作，脚本为 "gotoAndPlay(115);"，表示直接回到第 115 帧的动画开始画面，如图 9.35 所示。

图 9.35　效果图

当然也可以在最后一帧后面再添加一帧，制作一个简单的页面，并加上一个"重新播放"的按钮，只要给这个按钮添加动作，输入如下脚本：

```
on (release) {
    gotoAndPlay(115);
}//按钮单击释放后转到第 115 帧开始播放动画。
```

知识五　整理总结

本节按照序幕场景、歌词同步、场景动画、落幕场景这四个步骤详细的介绍了 MTV 《八荣八耻人人须知》的制作方法。在制作过程中再次使用了 Flash 动画制作的各种方法和技巧，包括帧帧动画、补间动画、图层引导、图层遮照以及一些文字的动画特效。

本节在制作按钮的时候，使用到了一些简单的 AS 动作特效，使得作品更加丰富及具有交互性。

习　　题

一、问答题

1．Flash 支持哪几种音频格式，在什么情况下选择声音文件时会出现"读取文件时出现了问题，一个或多个文件没有导入"的提示？

2．制作 Flash MTV 时，通常选择的声音同步选项是什么？其他还有哪些声音同步选项？各自有什么特点？

3．Flash 中可以导入使用的图形有哪几种？各自具有什么特点？

4．如何来确定一首 MTV 音乐歌曲所需要的时间轴的帧数？

5．如何在制作 Flash MTV 作品时保证音乐播放与歌词的保持同步？

二、上机操作题

1．有兴趣的读者，可以在原有作品的基础上增加一些动画技巧，使作品更加美观、更具艺术性。或者以此为范例，尝试自己设计制作一个 Flash MTV 作品。

2．浏览互联网，多欣赏一些优秀的 Flash MTV 作品，并归纳 Flash MTV 的特点。

项目十

小游戏的制作

主要内容

- ◆ ActionScript 常用语句的使用
- ◆ 几种常用的声音使用方法
- ◆ 游戏的具体制作步骤

学习目的

- ◆ 利用 Flash 来制作一款游戏，使用 ActionScript 制作一个比较另类的游戏——打靶
- ◆ 场景、元件的制作
- ◆ 熟悉 Flash 8 的声音的综合使用
- ◆ 学会制作简单的游戏

任务一　素材准备工作

制作 Flash 小游戏，是结合 Flash 8 软件中的各种动画制作技巧、声音与实例的使用技巧、AS 脚本语言工具等综合应用的体现。只要扎实地学习好 Flash 的基础知识，熟练地掌握相关内容技巧，具备了较强的综合知识能力，就可以享受用 Flash 制作小游戏的快乐。准备好，下面我们就要开始制作游戏的旅程啦！

本章所设计的游戏是一个室内打靶游戏，效果展示如图 10.1、图 10.2 所示。

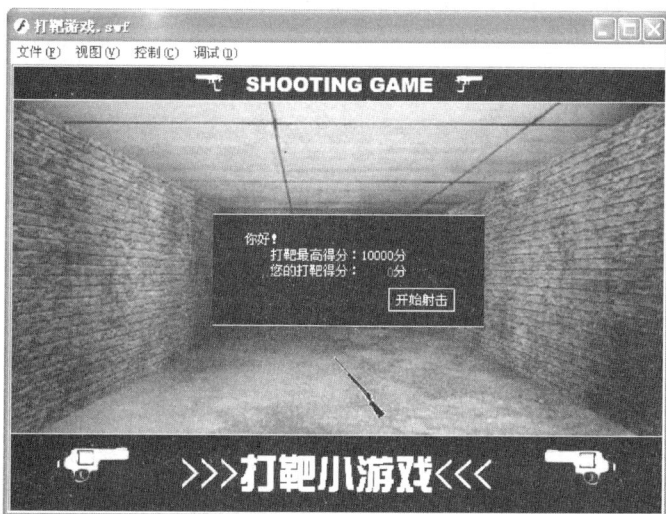

图 10.1　游戏开始前的准备效果图

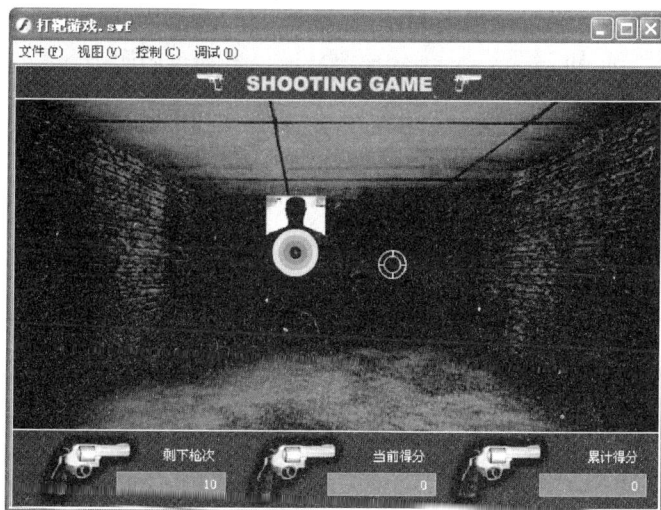

图 10.2　游戏开始后的运行效果图

动画效果说明：游戏首先有一个初始画面，等待游戏开始，单击"开始射击"按钮后，进入游戏开始打靶射击，环境是一个室内效果图，房间里有一个不断移动而且大小还在发生变化的方形枪靶子（人的上半身为靶的背景以加强真实感），玩家可以利用鼠标来控制一个瞄准器来射击，靶上共分为 4 个环，最外环分值为 125 分，依次向靶心环递进，分别为 250 分、500 分、1000 分，每次游戏可以打 10 枪。靶场图的下方有个记分牌，分别记录剩下枪次、当前得分、累计得分，当打完 10 枪后有消息框提示你的得分情况，当然得分越高越好。

知识一　收集素材

游戏制作开始之前，首先需要设定射击游戏的设计思路理念，以此为基础再确定页面色调等，收集图片、声音等素材。新建文件"打靶游戏"，本章实例所设定的场景大小为 600×400 像素，背景色为"#333333"，如图 10.3 所示。

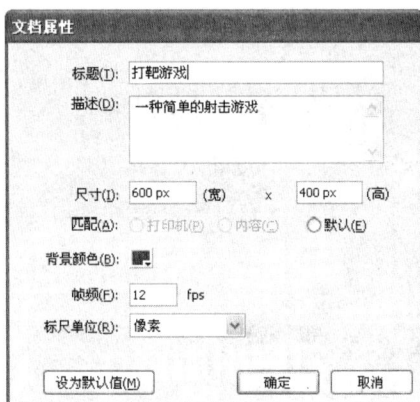

图 10.3　"文档属性"对话框

射击游戏需要收集一些关于枪的图片，包括背景、点缀图标。根据场景尺寸设置再使用图像处理软件（如 Photoshop）进行加工处理，得到我们所需要的图片，这些图片素材均可向作者索取（邮箱地址在前言中）。另外射击游戏必不可少的就是枪声音效文件，这些声音素材也可向作者索取（邮箱地址在前言中）。再将它们导入到元件库中准备使用。

知识二　制作瞄准器

1）样张效果如图 10.4 所示。新建一个影片剪辑元件，命名为"瞄准器"。

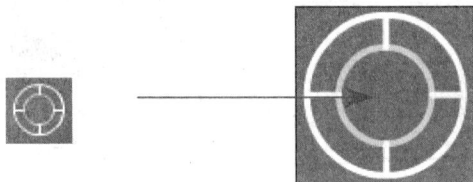

图 10.4　瞄准器图与放大后的效果

2）使用"直线"和"椭圆"绘画工具来绘制这样的瞄准器，使用"椭圆"工具，设置笔触颜色为白色，笔触为实线，高度为1，无填充颜色，按Shift键画出一个正圆，修改宽高为25，中心点在坐标（0，0），同样在空白处画出一个正圆，修改宽高为15，中心点在坐标（0，0），然后再用"直线"工具画出一个正十字，并修改中心点坐标（0，0），这时在空白处单击一下，三个图形便整合在一起了，再用"选择"工具，选择多余的部分把它删除即可形成样张效果图形的瞄准器。效果如图10.5所示。另外读者可以自行设计绘制有特点的瞄准器。

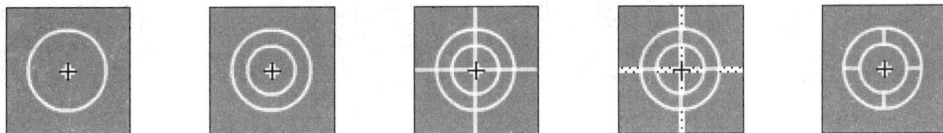

图 10.5　瞄准器制作过

知识三　制作靶环

本章开始所设定的射击目标靶的环数是4环，而且不同的靶环代表不同的分值，为了在射击过程中对鼠标做出响应，可以把各圆环做成按钮或者影片剪辑，这里我们把靶环制作成影片剪辑。样张效果如图10.6所示。

图 10.6　靶环效果图

操作步骤

1）新建一个影片剪辑元件，命名为"射击靶"。在"图层"面板里面建立两个图层"环"、"靶"，要求图层"环"在图层"靶"上面，从"库"面板中拖动"靶子.JPG"元件到图层"靶"的第一帧上，图片的中心在坐标（0，0），转换为影片剪辑元件"靶板"并锁定该层。

2）使用"椭圆"工具在"环"图层上画出四个无边圆，按照从外到内的顺序，四个圆的颜色为#CCCCCC、#999999、#666666、#000000，宽高为80、60、40、20，圆心都在原点坐标（-2，21），此坐标可以由读者自己调整到最佳位置。然后再加上一个红色的靶心，宽高为5的小圆，效果如图10.7所示。

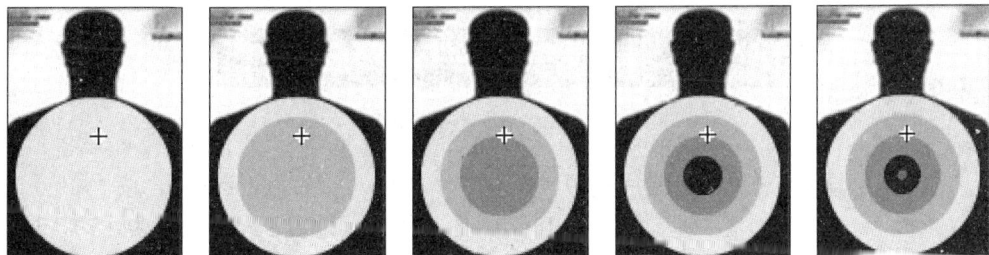

图 10.7　靶环制作过程

3）在空白处单击，这样五个图形就会组合在一起，从外面向内依次用鼠标单击每个圆环，再按 F8 键把它转换为元件，元件类型为"影片剪辑"，名称依次为"环 1"、"环 2"、"环 3"、"环 4"，特别注意最里层的黑圆环和红色小圆是一体的。转换后元件效果如图 10.8 所示。

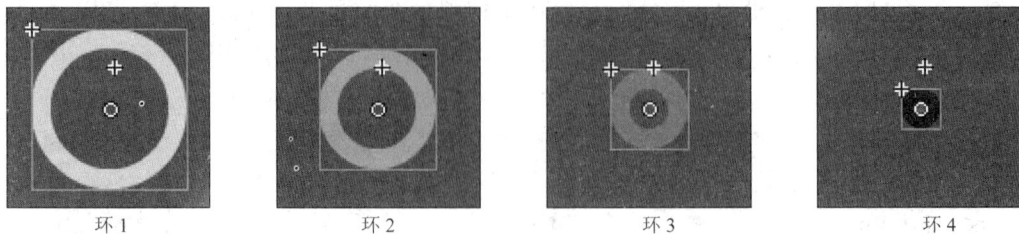

图 10.8　不同靶环的效果

任务二　游戏的制作

知识一　场景制作

主要场景一：制作游戏开始画面。

操作步骤

1）新建一个图层，命名为"背景"，从元件库中拖动"背景.JPG"到背景层中的第一帧，保持图片的中心位置位于坐标（300，180），这张图片的尺寸大小是 600×300 上下各留长条矩形区域，各自的高分别为 30、70。

2）为页面上方加上标题图标，新建一个图层，命名为"标题"，位于图层"背景"上方。从"库"面板中拖动"枪 2.JPG"，修改宽 30 高 20，坐标为（420，15），再复制这张图片，粘贴到该图层，并通过选择"修改"、"变形"、"水平翻转"翻转该图片，同时它的坐标为（180，15）。然后使用"文字"工具输入"SHOOTING GAME"，字体为"Arial Black"，字号为"18"，坐标为（300，15），效果如图 10.9 所示。

图 10.9　标题效果图

3）再为页面下方增加些图片点缀，新建一个图层，命名为"图标"，位于图层"背景"上方。从"库"面板中拖动"枪 1.JPG"，图片大小为 100×70，坐标为（70，365），再复制这张图片，粘贴到该图层，并通过选择"修改"、"变形"、"水平翻转"翻转该图片，同时它的坐标为（530，365）。然后使用"文字"工具输入">>>打靶小游戏<<<"，

字体为"经典综艺体简"，字号为"36"，坐标为（300，365），效果如图 10.10 所示。当然这里的页面效果也可以读者自己设计创作。

图 10.10　图标点缀效果图

4）分割线的制作。新建一个图层，命名为"分割线"，位于图层"背景"上方。使用"矩形"工具绘画出一个无填充的矩形框，笔触高度为 1。然后重新设定矩形的宽 600 高 400，中心位置坐标为（300，200），与场景大小一致，然后在坐标 X=30 和 X=330 的位置各绘制一条直线，宽为 600 高为 1。

5）新建一个图层文件夹"背景层"，把以上四个图层全部放进来归类管理。

主要场景二：制作游戏运行画面。

操作步骤

1）分别在图层"背景"、"标题"、"分割线"的第二帧按 F5 键插入帧。而图层"图标"的第二帧则按 F7 键插入空白关键帧，要求重新设计制作。

2）从"库"面板中，把"枪 1.JPG"拖动到图层"图标"的第二帧，再复制两次，形成三个手枪图片，要求分别设置它们的坐标为（70，365）、（260，365）、（450，365）。

3）在图层"图标"上方插入新图层，命名为"标签记录"，同样在第二帧插入空白关键帧，然后使用"矩形"工具绘制出三个矩形块，它们的坐标分别是（150，380）、（340，380）、（530，380）并同时在矩形区域上方加上相关文本标签说明，文字的坐标分别是（160，355）、（360，355）、（560，355），如图 10.11 所示。

图 10.11　"标签记录"效果图

4）最后再在前面绘制的三个矩形的上面添加三个动态文本，实例名称分别为"round"、"score"、"total"，分别用来记录显示剩下枪次、当前得分、累计得分，预设初始值分别为"10"、"0"、"0"，要求文字右对齐，效果如图 10.12 所示。另外这里还需要设定每个实例的变量值，因为需要与后面 AS 脚本所定义的变量来相对应，具体的值在后面的动作脚本步骤进行设置。

图 10.12　动态文字效果图

知识二　制作游戏对话框

　　游戏的对话框主要出现在两个地方，第一个是游戏启动时的欢迎对话框，第二个是显示游戏结束时的得分信息及询问是否继续游戏的对话框，下面是对话框的具体制作过程。

　　主要场景一：游戏启动对话框。

操作步骤

　　1）新建一个元件，类型为"影片剪辑"，名称为"对话框"。

　　2）新建图层"背景"，使用"矩形"工具绘制出一个矩形区域，笔触颜色为黄色，高为 1，填充颜色为 50%的黑色，中心坐标为（0，0），再使用"选择"工具分别单击矩形左右两条边框线删除，同时锁定"背景"图层以防止修改。

　　3）在"背景"图层上方建立新图层"消息提示"，使用"文字"工具输入静态文字"欢迎来到靶场射击！准备好了吗？"，颜色为黄色。

　　4）在图层"消息提示"上方建立新图层"开始"，新建一个按钮元件"开始游戏"，分别新建三个图层"背景"、"文字"、"声音"。

　　5）其中"背景"层中绘制一个矩形区域，宽为 60 高 20；"文字"层中输入"开始游戏"；选择"声音"层中的第三个帧"按下"帧按 F7 插入空白关键帧，打开"属性"面板，设置声音为"枪声 2"，同步为"事件"。

　　6）在图层"背景"、"文字"的"指针经过"帧和"按下"帧插入关键帧，为了区分按钮的不同状态，对这几帧作相应的修改，三种不同状态的效果如图 10.13 所示。最后在图层"背景"的"点击"帧插入关键帧，作为鼠标响应的区域。"时间轴"面板的图层效果如图 10.14 所示。

开始游戏	开始游戏	开始游戏
弹起状态	指针经过状态	按下状态

图 10.13　"开始游戏"按钮三种不同状态的效果图

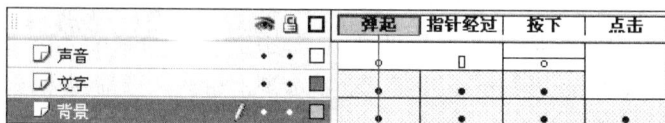

	👁 🔒 □	弹起	指针经过	按下	点击
声音	· · □	○	□	○	
文字	· · ■	•	•	•	
背景	/ · □	•	•	•	•

图 10.14　"开始游戏"按钮三种不同状态的"时间轴"面板

　　7）在"库"面板中找到按钮元件"开始游戏"，右键选择"直接复制"，名称为"结束游戏"，并打开元件进行编辑，修改·"文字"图层三种状态的文字为"结束游戏"。

　　8）回到元件"对话框"中"开始"图层，将刚刚制作完的两个按钮从元件库中拖动到舞台上来，具体位置效果如图 10.15 所示。

图 10.15 游戏启动对话框效果图

主要场景二：继续游戏对话框。

操作步骤

1）在"库"面板中双击元件"对话框"，打开此元件进行编辑，在"背景"图层的第二帧按 F5 键插入帧，在"开始"、"消息提示"图层的第二帧按 F7 键插入关键帧。

2）在"库"面板中找到按钮元件"开始游戏"，右键选择"直接复制"，名称为"继续游戏"，并打开元件进行编辑，修改"文字"图层三种状态的文字为"继续游戏"。

3）单击"开始"图层的第二帧，选择舞台中的"开始游戏"按钮，右键选择"交换元件"，弹出"交换元件"对话框，单击对话框中的"继续游戏"按钮，再按确定即可，或者直接双击对话框中的"继续游戏"按钮，来完成两个元件的交换。

4）单击"消息提示"图层的第二帧，修改文字内容为"您的这轮射击打靶得分是：_____分"，其中下划线的字符占位大于等于 5。然后使用"文字"工具输入动态文字"10000"，颜色为红色，实例名称为"lastscore"，变量值在后面的动作脚本步骤进行设置，同时调整位置到下划线的上方。效果如图 10.16 所示。

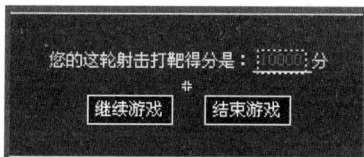

图 10.16 继续游戏对话框效果图

5）在所有图层的最下方插入新图层"淡化背景"，使用"矩形"工具在第一帧绘制一个无笔触边框的灰白色矩形区域，宽 600 高 400，颜色为 30%的白色，坐标为（0，0）。作用：出现对话框的时候用来淡化整个游戏背景。

6）在所有图层的最上方插入新图层"AS"，分别在第一帧到第三帧上按 F7 键插入空白关键帧，同时为这三个帧添加帧动作脚本"stop();"。

7）回到主场景中，在图层文件夹"背景层"上方插入新图层"对话框"，选择第一帧，从元件库中拖动对话框到舞台中，设实例名称为"msbox"，中心位置坐标为（0，0）。再在第二帧插入空白关键帧，因为这里的第二帧是游戏的运行画面不再需要对话框。

至此游戏的对话框制作完毕，特别提醒：其中提到的动态文本所要设定的变量以及几个按钮的动作脚本都需要在后面的动作脚本步骤进行设置。

知识三　制作鼠标指针

操作步骤

1）新建一个图层，命名为"鼠标指针"，从"库"面板中将"gun.png"拖动到场景中来，设置坐标为（700,10），将它转换为影片剪辑元件"鼠标指针 1"，同时选中该影片，在"属性"面板上设置实例名称为"mouse1"。这一个鼠标指针主要是在游戏开始前的画面中的。

2）进入图层"鼠标指针 1"进行编辑，选中图片，右键选择分离。然后单击空白处，再选择"套索"工具 后，在工具箱的下方的"选项"中，如图 10.17 所示，单击选择"魔术棒设置"按钮，弹出对话框，设定阀值为 10，如图 10.18 所示，然后再选择"魔术棒"按钮，再单击图片的空白处，如图 10.19 所示，就可以删除多余的无效透明区域（Flash 使用 PNG 格式的图片可保留透明区域），只剩下一个长枪的图形。再把枪头的位置调整到坐标（0，0）。

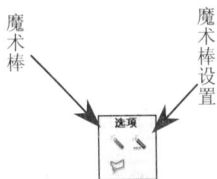

图 10.17　"选项"区域　　　　图 10.18　"魔术棒"对话框

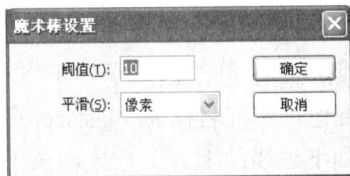

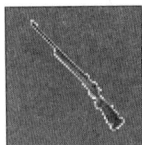

图 10.19　删除透明区域过程效果图

3）在图层"鼠标指针"的第二帧按 F6 插入关键帧，从"库"面板中将"瞄准器"元件拖动到场景中来，设置坐标为（700，100），选中该影片，在"属性"面板上设置实例名称为"mouse2"。这一个鼠标指针主要是在游戏运行中的射击区域。

如何将这些指针替换系统默认的鼠标指针，将在后面的动作脚本步骤进行设置。

知识四　制作移动靶环

操作步骤

1）在图层"对话框"上方插入新图层"移动靶环"，单击第二帧插入关键帧。从"库"

面板中把元件"射击靶"拖动到舞台中，选中该元件，按 F8 键把它再转换为影片剪辑元件"移动靶环"，实例名称为"movetarget"，设定坐标为（0，60）。

2）进入"移动靶环"元件进行编辑，选择元件，输入实例名称为"guntarget"。重命名图层为"移动靶"，然后分别在第 60 帧、第 120 帧、第 200 帧按 F6 键插入关键帧，调整第 60 帧元件的宽 45 高 62.5，中心位置为（185，60），调整第 120 帧元件的中心位置为（370，60）。再分别在第 1 帧、第 60 帧、第 120 帧创建"动作补间动画"，第 1 帧设置缓动 100（输出），第 60 帧设置缓动-100（输入）。在第 200 帧添加帧动作脚本"gotoAndPlay(1);"，形成循环移动靶环。

3）在"移动靶环"元件中，新建图层"无效靶"，将图层移动到"移动靶"图层下方。使用矩形工具绘制出一个矩形。根据本章一开始设定的游戏思路：在游戏射击过程中，只有枪击中了靶环上任何一环就可以得分了，而打在其他地方都不得分，而我们打靶的环境只有一个室内靶场（即导入的背景图片那块区域）。因此这个无效靶矩形区域只要覆盖到整个室内靶场区域就可以了，也就是那张背景图片的尺寸大小 600×300，位置调整到正好覆盖那张图片即可。最后再将它转换为影片剪辑元件"无效靶"，并设置它的透明度为 0%。

知识五　添加动作脚本

1．制作射靶枪响的效果

为了游戏更加生动形象，当用鼠标单击产生射击靶环时要求发出枪响声，因此我们这里专门制作能够触发产生枪响的元件。

操作步骤

1）新建影片剪辑元件"枪响"，重命名图层为"枪响"，在第二帧上插入关键帧，并设置第二帧的声音为"枪声 1"，同步为"事件"，同时给第一帧添加动作脚本"stop();"，这样只要在射击靶环时设置动作脚本跳转到第二帧即可发出枪响效果。

2）回到主场景中，在"鼠标指针"图层上方插入新图层"枪响"，在第二帧上插入关键帧，并将元件库中的"枪响"拖到舞台上，因为这是一个无实物的元件，在舞台中以一个小圆点出现，可以把元件放到舞台边上空白处以便查找选择。选择该元件，设置实例名称为"gunsound"以备调用。

2．替换系统默认的鼠标指针

操作步骤

回到主场景中，在图层区域的最上方插入新图层"AS"，第一、二帧都插入关键帧。第一帧制作的是游戏启动的画面，需要替换的是鼠标指针 1，即实例名称为"mouse1"

的元件，因此在这一帧添加的帧动作脚本（大小写不能改变，下同）如下：

```
stop();                          //正在播放的 SWF 停止当前帧
onMouseMove=function(){          //鼠标移动事件
    Mouse.hide();                //隐藏鼠标指针
    mouse1._x=_xmouse;           //实例 mouse1 的 X 坐标跟随鼠标位置的 X 坐标
    mouse1._y=_ymouse;           //实例 mouse1 的 Y 坐标跟随鼠标位置的 Y 坐标
    updateAfterEvent();          //刷新舞台以使光标的移动看起来顺畅
}
```

知识技能

语句是告诉 FLA 文件执行操作的指令。例如执行特定的动作、根据条件的真假执行指定的动作、函数或表达式、重复执行指定的动作等。这里要注意的是编写的 ActionScript 语句代码是区分大小写的。常用语句主要有：顺序语句、条件语句、循环语句三种，这里做一个简单的介绍。

（1）顺序语句

一行书写一条语句，按照语句行的顺序执行。包括常用的赋值语句、设置对象的方法属性语句等。

例如：

```
// 顺序语句举例
var myNum:Number = 50;           // 严格指定变量或对象的类型
myClip1._alpha = myNum;          // 设置实例对象 myClip1 的透明度
myClip2.gotoAndPlay(2);          // 转到实例对象 myClip2 的第二帧播放
```

ActionScript 语句以分号 (;) 字符结束，冒号 (:) 为变量指定数据类型，其中的点号 (.) 称为点语法（又称点记号），可以帮助您创建要将其设定为目标的实例的路径，设置特定对象相关的方法和属性。要指示某一行或一行的某一部分是注释，请在该注释前加两个斜杠(//)，称为行注释语句。更多的语句用法请参考相关资料。

（2）条件语句

在播放动画时，除了按语句的顺序执行外，还可以设置一些条件，当满足这些条件时，才去执行其中的动作语句，否则就执行另外的语句。条件语句有三种：单分支语句、双分支语句和多分支语句。

1）单分支 if 语句。

如果满足条件，则执行语句体 1，否则退出条件语句，执行后续语句。命令格式如下：

```
if (条件) {
    // 语句体 1
}
```

2）双分支 if 语句。

如果满足条件，则执行语句体 1，如果不满足，则执行语句体 2。命令格式如下：

```
if (条件) {
    // 语句体 1
}else{
    // 语句体 2
}
```

例如，以下代码测试 x 的值是否超过 20，超过时生成一条 trace() 语句，不超过时生成另一条 trace() 语句：

```
if (x > 20) {
    trace("x is > 20");
} else {
    trace("x is <= 20");
}
```

3）多分支 if 语句。

根据客观存在的多个条件来判断结果执行相关的语句。命令格式如下：

```
if (条件 1){
    // 语句体 1
}
else if(条件 1){
    // 语句体 2
}
......
else if（条件 n）{
    // 语句体 n
else{
    // 语句体 n+1
}
```

例如，以下代码不仅测试 x 的值是否超过 20，再测试 x 的值是否为负数，否则 x 的值就在[0,20]范围内。

```
if (x > 20) {
    trace("x is > 20");
} else if (x < 0) {
        trace("x is negative");
}else{
    trace("x is [0,20]");
}
```

（3）循环语句

ActionScript 可以按指定的次数重复一个动作，或者在特定的条件成立时重复动作。循环使您能够在特定条件为 true 时重复执行一系列语句。在 ActionScript 中有四种类型的循环：for 循环、for..in 循环、while 循环和 do..while 循环。

　　for 循环　　使用内置计数器重复动作。

　　for..in 循环　迭代影片剪辑或对象的子级。

　　while 循环　在某个条件成立时重复动作。

　　do..while 循环　　类似于 while 循环，差别仅在于它在代码块结束时计算表达式的值，因此该循环总是至少执行一次。

　　1）for 循环。最常用的循环类型是 for 循环，它使一个代码块按预定义的次数循环。命令格式如下：

```
for (初始值；结束条件；更改变量) {
  // 语句；
}
```

　　必须为 for 语句提供三个表达式：一个设置了初始值的变量，一个用于确定循环何时结束的条件语句，和一个在每次循环中更改变量的值的表达式。例如，下面的代码循环 5 次。变量 i 的值从 0 开始以 4 结束，输出结果将是从 0 到 4 的 5 个数字，每个数字各占一行。

```
var i:Number;
for (i = 0; i < 5; i++) {
    trace(i);
}
```

　　2）while 循环。如果要循环一系列语句，但是不一定要知道需要循环的次数，可以使用 while 循环。while 循环计算一个表达式的值，如果表达式为 true，则会执行循环体中的代码。如果表达式为 false，则跳过语句或一系列语句并结束循环。在不确定要将一个代码块循环多少次时，使用 while 循环可能会非常有用。命令格式如下：

```
while(条件){
    // 语句体 1
}
```

　　例如，下面的代码将数字显示到"输出"面板中：

```
var i:Number = 0;
while (i < 5) {
    trace(i);
        i++;
}
```

　　3）do... while 循环。可以使用 do... while 语句创建与 while 循环同类的循环。但是，do... while 循环中是在代码块结束时计算表达式的值（在代码块执行之后检查），因此该循环总是至少执行一次。只有条件计算结果为 true 时语句才会执行。命令格式如下：

```
do{
    // 语句体 2
}while(条件)
```

下面的代码显示了 do...while 循环的一个简单示例,即使条件不满足也会生成输出结果。

```
var i:Number = 5;
do {
    trace(i);
    i++;
} while (i < 5);
```

使用循环时,要避免编写出无限循环。如果 do... while 循环中的条件连续计算为 true,就创建了一个无限循环,将会显示警告或导致 Flash Player 崩溃。如果您知道要循环的次数,可以改用 for 循环。

此外对于条件循环语句可以进行自我嵌套或相互嵌套。

4)第二帧制作的是游戏运行的画面,这里分为两个部分:瞄准器能够进行射击区域和游戏运行时的辅助界面(标题、记录得分等画面),而这里的射击区域正好就是前面添加的室内靶场背景图片的大小区域,即坐标(0,30)到坐标(600,330)的区域范围,而需要替换的是瞄准器,即实例名称为“mouse2”的元件,它的宽高都是 25,半径以 12 计算这样可以得到瞄准器真正的活动区域坐标(12,42)到坐标(588,318),计算情况参见图 10.20。

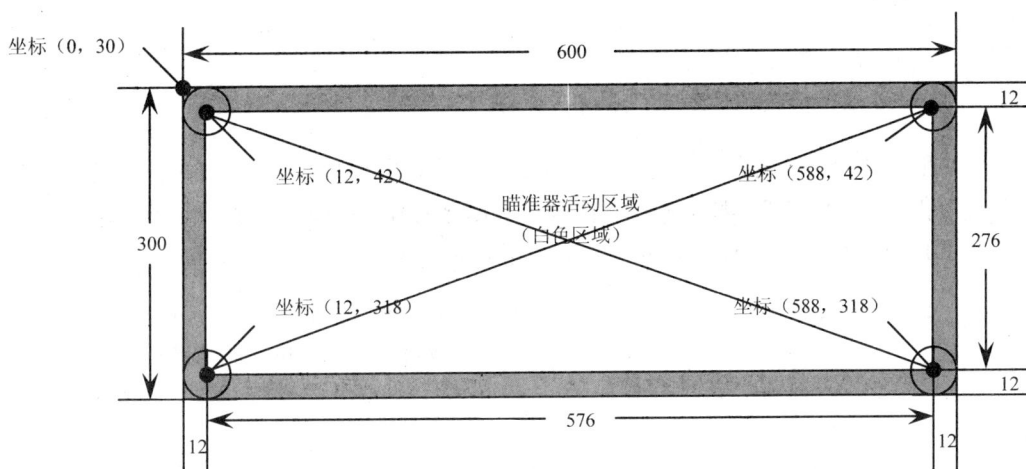

图 10.20 瞄准器活动区域及坐标计算

当你在游戏时鼠标离开射击区域,即在剩余的辅助界面的区域移动时,还是保留第一帧中的鼠标指针 1,这样就能保证在同一个画面中出现两种鼠标指针效果。因此在这一帧添加的帧动作脚本如下:

```
stop();
```

```
totalscore=0;                          //设定累计得分的初始值
gunround=10;                           //设定剩下枪数的初始值
currentscore=0;                        //设定当前得分的初始值
onMouseMove=function(){                //鼠标移动时产生事件侦听
    if(_ymouse>=42 and _ymouse<=318 and _xmouse>=12 and _xmouse<=588{
    //条件判断是在区域坐标（12，42）到坐标（588，318）内部
        Mouse.hide();                  //隐藏鼠标指针
        mouse1._x=700;   //把另外鼠标指针1移动到X坐标为700（场景外）
        mouse2._x=_xmouse;   //实例mouse2的X坐标跟随鼠标位置的X坐标
        mouse2._y=_ymouse;   //实例mouse2的Y坐标跟随鼠标位置的Y坐标
    }else{            //条件判断是在区域坐标（12，42）到坐标（588，318）外部
        Mouse.hide();                  //隐藏鼠标指针
        mouse2._x=700;   //把另外鼠标指针2移动到X坐标为700（场景外）
        mouse1._x=_xmouse;   //实例mouse1的X坐标跟随鼠标位置的X坐标
        mouse1._y=_ymouse;   //实例mouse1的Y坐标跟随鼠标位置的Y坐标
    }
    updateAfterEvent();                //刷新舞台以使光标的移动看起来顺畅
}
onMouseUp=function(){                   //释放鼠标按钮时产生事件侦听
if(_ymouse>=42 and _ymouse<=318 and _xmouse>=12 and _xmouse<=588){
    //条件判断是在区域坐标（12，42）到坐标（588，318）内部
    _root.gunsound.gotoAndPlay(2);  //播放"枪响"元件第二帧的枪响声
    }
}
```

3. 给对话框上的按钮添加动作脚本

对话框有两个：游戏启动和继续游戏对话框。游戏启动对话框中的有两个按钮："开始游戏"和"结束游戏"。继续游戏对话框也有两个按钮："继续游戏"和"结束游戏"。

给"开始游戏"和"继续游戏"按钮添加如下动作脚本：

```
on (release) {                         //释放按钮事件
    gotoAndStop(3);                    //跳转到第三帧空白帧，即隐藏对话框
    _root.gotoAndPlay(2);              //根场景调转到第二帧，开始游戏
}
```

再给"结束游戏"按钮添加如下动作脚本：

```
on (release) {
    fscommand("quit");                 //退出SWF动画播放
}
```

4.　设定各个靶环得分

操作步骤

1）打开元件库中的"移动靶环"元件，选择"无效靶"图层，单击"无效靶"影片剪辑元件，要求鼠标单击这块区域射击不得分，则给元件添加如下动作脚本：

```
on (release) {
    _root.totalscore=Number(_root.totalscore)+Number(0);//累计得分加 0
    _root.gunround=Number(_root.gunround)-Number(1);    //剩下枪数减 1
    _root.currentscore="MISS";    //当前得分显示为"MISS"，表示未击中
}
```

2）打开元件库中的"射击靶"元件，选择"靶"图层，解除图层锁定，单击选择"靶板"影片剪辑元件，同样当鼠标单击射击时也不得分，因此添加的动作脚本和"无效靶"一样，如下：

```
on (release) {
    _root.totalscore=Number(_root.totalscore)+Number(0);//累计得分加 0
    _root.gunround=Number(_root.gunround)-Number(1);    //剩下枪数减 1
    _root.currentscore="MISS";        //当前得分显示为"MISS"，表示未击中
}
```

3）选择"环"图层，分别给这图层中的元件"环 1"、"环 2"、"环 3"、"环 4"添加动作脚本，用来记录鼠标单击射击本环的得分情况。

元件"环 1"的动作脚本如下：

```
on (release) {
    _root.totalscore=Number(_root.totalscore)+Number(125);//累计得分加 125
    _root.gunround=Number(_root.gunround)-Number(1);    //剩下枪数减 1
    _root.currentscore= Number(125);        //本次射击得分为 125
}
```

元件"环 2"的动作脚本如下：

```
on (release) {
    _root.totalscore=Number(_root.totalscore)+Number(250);//累计得分加 250
```

```
    _root.gunround=Number(_root.gunround)-Number(1);    //剩下枪数减
1
    _root.currentscore= Number(250);           //本次射击得分为250
}
```

元件"环3"的动作脚本如下：

```
on (release) {
    _root.totalscore=Number(_root.totalscore)+Number(500); //累计得
分加500
    _root.gunround=Number(_root.gunround)-Number(1);    //剩下枪数减
1
    _root.currentscore= Number(500);           //本次射击得分为500
}
```

元件"环4"的动作脚本如下：

```
on (release) {
    _root.totalscore=Number(_root.totalscore)+Number(1000);// 累计
得分加1000
    _root.gunround=Number(_root.gunround)-Number(1);    //剩下枪数减
1
    _root.currentscore= Number(1000);           //本次射击得分为1000
}
```

5. 记录剩下枪数及得分情况

操作步骤

1）显示相关射击游戏过程中的数据：剩下枪数、当前得分、累计得分。回到主场景，隐藏图层"对话框"目的为了可以选择图层"记录标签"中的元件，否则无法选择，因为被图层"对话框"中的淡化背景遮盖住了。该图层有三个动态文本，实例名称分别为"round"、"score"、"total"，分别用来记录剩下枪数、当前得分、累计得分的值，这时候设定变量值分别为："gunround"、"currentscore""totalscore"。这样就与前面动作脚本中的变量建立关联了，这样记录下来的数据可以通过这些动态文本来显示了。

2）打开元件库中的"射击靶"元件，建立新图层"AS"，给第一帧添加帧动作脚本如下：

```
if(_root.gunround==0){               //如果剩余射击次数减到0时
    _root.msbox.gotoAndStop(2);        //转到对话框影片剪辑的第二帧
    _root.gotoAndStop(1);             //主场景转到第一帧
}//用来判断剩下的枪数是否为0，如果是则打开"继续游戏对话框"
```

再在第二帧插入关键帧，添加帧动作脚本"gotoAndPlay(1);"。然后同时选择图层"环"、"靶"的第二帧按 F5 插入帧。

3）当一轮打靶射击结束后，需要在"继续游戏对话框"中显示最后得分。从元件库中打开"对话框"，选择"消息提示"的第二帧，舞台中找到动态文本"lastscore"，给它加上变量值为"_root.totalscore"，用来关联打靶的最后总得分并显示。

到这里，打靶游戏就制作完成了，按 Ctrl+Enter 键测试游戏了。

知识六 整理总结

制作 Flash 游戏动画时，都要讲角色制作成元件来保证动画片中的角色不走形，同时也可以提供作品的制作效率。Flash 中提供的元件有三种：影片剪辑、按钮和图形。

本章节除了继续使用了前面章节所介绍的一些动画制作方法和技巧外，着重介绍了AS 中常用的语句，如：播放、停止、跳转和条件、循环控制语句，以及按钮的常用事件驱动，这些语句是控制 Flash 动画的基础和关键，灵活运用这些语句可以创造特殊动画效果和交互式动画。

习　题

一、问答题

1. Flash 中有哪些条件、循环控制语句，具体如何使用这些语句？
2. 如何利用 AS 替换系统默认的鼠标指针？
3. 在 Flash 射击游戏中，如何来记录打靶射击的总得分？

二、上机操作题

1. 制作一个带有声音的特效按钮。
2. 自己设计一种射击类游戏，游戏理念可以参照网络或其他书籍的资料，制作一个此类的游戏动画。